AF450800

Editorial
NUN

El verdadero secreto de la evolución

Del conflicto a la colaboración

Ficha bibliográfica

Bellieni, Carlo y Velázquez, Lourdes

El verdadero secreto de la evolución. Del conflicto a la colaboración
1a. edición, 2023

ISBN: 978-607-59691-5-2

Editorial Notas Universitarias, S. A. de C. V.
Colección Scholia

Impreso en la Ciudad de México, en agosto de 2023
Formato: 15 × 21 cm

86 pp.

Editorial NUN

Es una marca de Editorial Notas Universitarias, S. A. de C. V.

Xocotla 17, Tlalpan Centro II, alcaldía Tlalpan,
Ciudad de México, C. P. 14000

www.editorialnun.com

D. R. © 2023, Editorial Notas Universitarias, S. A. de C. V.
D. R. © 2023, Carlo Bellieni y Lourdes Velázquez

El contenido de este libro es responsabilidad de los autores

ISBN versión impresa: 978-607-59691-5-2
ISBN versión digital: 978-607-59691-9-0

Comentarios sobre la edición a contacto@editorialnotasuniversitarias.com.mx

Los textos aquí presentados fueron arbitrados (doble-ciego) y dictaminados por especialistas nacionales. Posteriormente, fueron revisados, corregidos y modificados por los autores antes de llegar a su versión final.

Dirección editorial y diseño de portada: Miryam D. Meza Robles
Cuidado de la edición: Óscar Díaz Chávez
Corrección de estilo: Casandra D. Álvarez García
Lecturas: María Magdalena Álvarez Malo
Formación y versión digital: Carlos Papaqui Landeros

Impreso en México

El verdadero secreto de la evolución

Del conflicto a la colaboración

Carlo Bellieni y Lourdes Velázquez

Índice

Prólogo

El evolucionismo tiene poco más de dos siglos de vida y, sin embargo, cuenta con una historia tan rica en descubrimientos y debates que casi no tiene parangón en la historia de la ciencia. Asimismo, en medida notable, ha repercutido en la forma en cómo el hombre se ha considerado y se considera a sí mismo. Esta amplitud de repercusiones y significados parece sorprendente a primera vista, si se tiene en cuenta que sólo afecta a una disciplina científica, la biología. Sin embargo, es fácil darse cuenta de que la biología concierne directamente a nuestra constitución, pues los seres humanos, desde la antigüedad, fueron calificados como animales, aunque caracterizados específicamente con la condición de racionalidad, como ya se desprendía de la definición clásica de Aristóteles. Nada comparable, por tanto, con el advenimiento de la teoría copernicana que, al liquidar la centenaria teoría ptolemaica, trastornó, a mediados del siglo XVI, todo el soporte de la cosmología sobre el que descansaban complejas doctrinas filosóficas y teológicas. Sin embargo, no es difícil ver que la historia del evolucionismo no constituye una abundancia de nuevos datos y descubrimientos, sino la aparición y confrontación de novedosas ideas que sugerían interpretaciones inéditas de hechos conocidos desde hacía siglos. De aquí surgieron teorías que estimularon a los naturalistas para buscar nuevos hechos que les permitieran corroborar sus respectivas teorías y superar sus insuficiencias.

Precisamente porque también se refiere directamente a la naturaleza del hombre, el evolucionismo entró inevitablemente en contacto con aquellas articulaciones del conocimiento y las convicciones humanas que desde tiempos inmemoriales han constituido el objeto de la filosofía, las religiones y tantas otras expresiones de la cultura humana. Por otro lado, hay que reconocer que dentro del evolucionismo también se ha establecido una serie de posiciones que calificaríamos de *ideológicas*, en el sentido de que asumen la teoría de Darwin como la única científicamente probada y aceptada, centrada en la selección natural como mecanismo explicativo de la transformación de las especies, y presentando la variedad de posiciones teóricas presentes en los estudios evolutivos hoy en día como un fenómeno normal de discusión o controversia que tiene lugar en todo campo de investigación científica. En realidad, no es así: el neodarwinismo es la expresión de una concepción metafísica materialista que ve en la selección natural simplemente el proceso por el cual ciertos individuos, pertenecientes a una especie determinada y dotados al azar de una característica que les permite sobrevivir cuando los recursos son escasos en ese entorno dado, transmiten esta característica a sus descendientes, lo que da lugar a la ocupación total del entorno a largo plazo, puesto que los demás individuos no así dotados se extinguen progresivamente.

El considerable peso propagandístico de los neodarwinianos había provocado el despido de Lamarck, que se anticipó 50 años a *El origen de las especies* de Darwin, al atribuir a los seres vivos el impulso interno de adaptarse activamente al medio ambiente, desarrollando órganos y funciones que luego transmitían a sus descendientes. La aceptación del lamarckismo fue bloqueada a finales del siglo xix por la doctrina de Weissmann sobre la separación total del plasma somático, que constituye el cuerpo de los vivos, del plasma germinal, contenido en los gametos, que están presentes en los órganos genitales y son los únicos que regulan la reproducción. De esto se deduce que todos los caracteres somáticos que puede acumular un individuo no son heredables. Como consecuencia de todo esto, muchos neodarwinianos acusan de negar la evolución a quienes no aceptan sus teorías.

Se trata de una acusación falsa, cuya refutación requiere una aclaración adecuada. Hay que aclarar primero en qué consiste la tesis evolucionista: afirma que las especies actuales derivan por descendencia de especies originales menos numerosas y complejas. Pues bien, hay que darse cuenta de que esta afirmación constituye una teoría, que no consiste en la mera exposición de datos empíricos. Por otro lado, puede decirse que esta teoría, que llamaremos *teoría evolutiva*, puede considerarse ahora científicamente corroborada (aunque no falten biólogos profesionales que la nieguen). Llegados a este punto, se plantea el problema de entender y explicar cómo se produjo la evolución así admitida, y aquí entran en juego varias teorías de la evolución, cada una de las cuales tiene sus puntos fuertes y débiles. Los puntos fuertes consisten básicamente en reconocer que el contacto con el medio ambiente sí afecta al organismo de los seres vivos y produce cambios que se transmiten a la descendencia.

El libro que presentamos aquí ilustra precisamente algunos fenómenos que apoyan esta posibilidad (en la primera parte a cargo del médico Carlo Bellieni), pero que no implican el recurso de la selección natural. Básicamente, se trata de casos en donde lo que podríamos llamar una cierta mezcla entre partes de organismos vivos pertenecientes a diferentes especies se produce por contacto a nivel ambiental y da lugar a una nueva especie, sin necesidad de que intervenga el plasma germinal (e incluso se presentan casos en donde la acción del ambiente puede provocar cambios en el ADN del individuo). Se trata de una especie de consideración *horizontal* de los intercambios genéticos entre individuos vivos, en la que juegan un papel esencial conceptos como la transferencia horizontal de genes y la epigénesis, que el autor ilustra de forma equilibrada, limitándose, por lo general a plantear la cuestión de si esta visión colaborativa de las distintas especies para adaptarse mejor al entorno no es más satisfactoria desde el punto de vista científico que la perspectiva *vertical* neodarwiniana, que se limita a poner en juego el azar y el determinismo de las leyes físicas.

El presente volumen es una obra de alta divulgación, es decir, es clara, ordenada y de fácil lectura; en la segunda parte de ésta, escrita por la filósofa Lourdes Velázquez, se destacan los diversos conceptos y principios que han entrado en la génesis y los desarrollos de la teoría evolutiva y de las teorías de la evolución. Así es fácil comprender (en este caso como en tantos otros) que el avance del conocimiento científico suele ofrecer más problemas que soluciones, más preguntas que respuestas, pero eso es precisamente lo característico del progreso humano, que se alimenta del espíritu investigador, en lugar de adaptarse a la comodidad de los resultados prácticos que nos ha proporcionado el progreso científico y tecnológico.

Si nos detuviéramos aquí, ignoraríamos el aspecto más original y estimulante de esta obra, que, bajo su tono tranquilo y modesto, propone en realidad una inversión de la perspectiva darwiniana y sus aplicaciones en el ámbito social. La imagen de la naturaleza ya no se presenta como una feroz lucha competitiva sin exclusión de medios, en donde los individuos más fuertes prevalecen porque son por azar los más aptos y afortunados para imponerse en un determinado entorno (darwinismo social). En su lugar, se ilustra un cuadro en donde los seres vivos tienden naturalmente a crear condiciones de simbiosis, intercambio y coexistencia colaborativa de las que incluso fluye el progreso evolutivo. De ahí el mensaje sobre la convivencia de los seres humanos, en la que la tolerancia, la colaboración y la solidaridad pueden promover el progreso de todos. Éste es el *verdadero secreto de la evolución* al que se refiere el título de este volumen, y que se presenta como un mensaje de sabiduría.

Evandro Agazzi

Introducción

Es importante observar lo que informamos en este libro a la luz de dos focos. El primero son las palabras de Charles Darwin, en las cuales reconoce la deuda científica y cultural que tiene con Jean Baptiste Lamarck, y en donde explica que la guerra por la supervivencia es sólo uno de los diversos motores de la evolución para él también. El segundo foco lo dan las recientes publicaciones científicas citadas, las cuales se desarrollarán a lo largo de la exposición de la primera parte de este texto, pero que queremos reportar aquí como ejemplos. Estos son un estudio de Eric Nilsson, junto con sus colegas, y un artículo de Emma Yasinski, ambos muestran la importancia del medio ambiente en la modulación de la expresión del ADN. Estos planteamientos serán un hilo conductor que recorrerá todo el libro y que el lector habrá de tener en cuenta. De esta manera, tanto el pasaje de Charles Darwin, como los dos informes recientes de estudiosos estadounidenses, dan idea de lo que podríamos llamar la *evolución de la idea de evolución*.

Es importante saber qué pensaba Darwin de Lamarck y también lo que pensaba él mismo de su propia intuición brillante. Charles Darwin dice en *Sobre el origen de las especies por selección natural, o la conservación de las razas perfeccionadas en la lucha por la existencia*:

Lamarck fue el primero en llamar la atención con sus conclusiones en torno a ese tema. Este célebre naturalista publicó por primera vez su doctrina en 1801; posteriormente amplió considerablemente su teoría en 1809 con la *Philosophie zoologique*, y en 1815 en la introducción a su *Histoire naturelle des animaux sans vertèbres*. En estas obras, desarrolló la idea de que todos los animales, a excepción del hombre, derivan de otras especies anteriores. Con esto prestó un eminente servicio a la ciencia, acostumbrando a los espíritus a considerar todo cambio que ha ocurrido en el mundo orgánico e inorgánico como el resultado probable de una ley natural y no de una intervención milagrosa. Lamarck fue llevado a admitir el principio de transformación gradual de las especies, por la dificultad de distinguir especies de variedades, por la serie ininterrumpida de formas en ciertos grupos orgánicos y su analogía con nuestras producciones domésticas. En cuanto a los medios de modificación empleados por la naturaleza, dio cierto peso a la acción directa de las condiciones físicas de la vida, así como a las intersecciones entre formas preexistentes, y atribuyó la mayor influencia al uso y no uso de órganos, o al efecto de los hábitos. Parece que dedujo de esta última causa las maravillosas adaptaciones de los seres organizados como, por ejemplo, el largo cuello de la jirafa construido tan ingeniosamente como para permitirle arrancar las hojas de las ramas más altas de los árboles. Pero también creía en la existencia de una ley de desarrollo progresivo; y como todas las formas orgánicas tendrían la misma tendencia a progresar, explicó la existencia actual de organismos muy simples con la ayuda de la generación espontánea. Stefano Geoffroy Saint-Hilaire en 1795 avanzó la hipótesis de que las llamadas especies del mismo género son sólo variedades degeneradas del mismo tipo. Sólo en 1828 expresó la convicción de que las mismas formas no se habían perpetuado invariablemente, desde el origen de las cosas.

Es muy interesante contemplar una playa risueña, cubierta de muchas plantas de todas clases, con pájaros cantando en los arbustos, con varios insectos zumbando por todas partes y con gusanos arrastrándose por el suelo húmedo: y considerar que estas formas elaboradas con tanta destreza, tan distintos unos de otros y dependientes unos de otros, de un modo tan complicado, todos ellos fueron producidos por efecto de las leyes que continuamente actúan a nuestro alrededor. Estas leyes, tomadas en el sentido más amplio, son: Desarrollo con Reproducción; la Herencia, que se incluye casi implícitamente en la Reproducción; la Variabilidad resultante de la acción directa e indirecta de las condiciones externas de vida y del uso o no uso; la ley de la Multiplicación en una proporción tan fuerte como para exigir una Lucha por la Existencia, de la que deriva la Selección natural, que exige la Divergencia del Carácter y la Extinción de las formas menos perfeccionadas. Así, de la guerra de la naturaleza, del hambre y la muerte, viene el efecto más estupendo que podemos imaginar, es decir, la producción de los animales superiores (Darwin, 2003).[1]

Eric Nilsson y sus colegas nos explican en su estudio la importancia de la herencia epigenética, es decir, cómo el medio ambiente puede impactar en la evolución. La barrera de Weissman (según la cual las células germinales son las únicas que transmiten información a los hijos) sigue siendo importante, pero ha requerido calificación a la luz de la comprensión moderna de la transferencia horizontal de genes y otros desarrollos genéticos e histológicos.

Durante los últimos 120 años, la barrera de Weismann y la teoría de la herencia del germoplasma asociada han sido una doctrina que ha impactado la biología evolutiva y nuestros conceptos de herencia a través de la línea germinal. Aunque August Weismann en su libro de 1872 tenía razón en que el esperma y el óvulo eran las únicas células que transmitían información molecular a la siguiente generación, la noción de que las células somáticas no afectan la línea germinal (es decir, la barrera de Weismann) no es correcta. Sin embargo, la doctrina o dogma de la barrera de Weismann todavía influye en muchos campos y temas científicos. El descubrimiento de la epigenética y, más recientemente, de

---

[1] Charles Darwin, *The Origin of the Species: By Means of Natural Selection of the Preservation of Favored Races in the Struggle for Life*. [150Th Anniversary], Nueva York, Signet Classics, 2003. Las traducciones de esta cita y las siguientes son nuestras.

la herencia epigenética de la variación fenotípica y la patología transgeneracional inducidas por el medio ambiente, ha tenido un impacto significativo en la teoría de la evolución y la medicina actual. La epigenética ambiental y el concepto de herencia epigenética transgeneracional refutan aspectos de la barrera de Weismann y requieren una reevaluación tanto de la teoría de la herencia como de la teoría de la evolución (Nilsson).[2]

Finalmente, en el artículo de Emma Yasinski se añade evidencia sobre el fenómeno de la transferencia horizontal de los genes. En este libro se verá la importancia de dicho fenómeno sobre nuestra manera actual de entender la evolución.

En el primer ejemplo conocido de transferencia horizontal de genes entre una planta y un animal, un parásito común conocido como mosca blanca (*Bemisia tabaci*) adquirió un gen de una de las diversas plantas de las que se alimenta, informaron los investigadores hoy (25 de marzo) en *Cell*. El gen, *BtPMaT1*, protege a los insectos de los glucósidos fenólicos, toxinas que muchas plantas producen para defenderse de tales parásitos, lo que permite que las moscas blancas se den un festín.
"Este estudio es realmente interesante", dice Charles Davis, biólogo evolutivo de la Universidad de Harvard que no participó en el estudio. "Demuestra otro hermoso ejemplo más de cómo la transferencia horizontal de genes entre eucariotas confiere novedades evolutivas".
[...]
Pamela Soltis, bióloga de plantas de la Universidad de Florida que no participó en el estudio, dice en un correo electrónico a *The Scientist* que el estudio plantea "preguntas intrigantes" sobre cómo y cuándo ocurrió la transferencia de genes y "con qué frecuencia ocurrió

---

[2]   Eric E. Nilsson, *et al.*, "Environmentally Induced Epigenetic Transgenerational Inheritance and the Weismann Barrier: The Dawn of Neo-Lamarckian Theory", *J. Dev. Biol.*, 8(4):28, 4 de diciembre de 2020. doi: 10.3390/jdb8040028

este proceso involucrado en la generación en los herbívoros de resistencia a la química vegetal".[3]

Carlo Bellieni y Lourdes Velázquez

---

[3] Emma Yasinski, "First Report of Horizontal Gene Transfer Between Plant and Animal", *The Scientist*, 25 de marzo de 2021. https://www.the-scientist.com/news-opinion/first-report-of-horizontal-gene-transfer-between-plant-and-animal-68597

I. Lamarck no se había equivocado mucho

Carlo Bellieni

1. Seres que cambian por el ingreso de otros seres en ellos

Charles Darwin fue el brillante descubridor de una modalidad evolutiva de la vida en la tierra. Digo de una *modalidad* evolutiva y no de *evolución*, por un lado porque antes de él muchos estudiosos habían evaluado e investigado el fenómeno dando diversas interpretaciones, y por el otro, porque después de Darwin se ha profundizado el conocimiento y las explicaciones se han vuelto demasiado complejas para una sola teoría. Vino entonces en ayuda la genética, con la cual se han analizado las complejidades de la vida con la bioquímica, porque la vida no puede reducirse a fenómenos únicos, simples y discretos. Darwin decía que las especies se transforman para sobrevivir: si hay un terremoto o una inundación, sólo viven los que saben correr rápido o nadar. De acuerdo, pero ¿qué nos dice esta teoría sobre los cambios que no conducen a una mejor supervivencia o reproducción? Muy poco. ¿Por qué los dientes molares del hombre se han reducido en tamaño a lo largo de los siglos, al igual que los dedos de los pies? Para vivir mejor, pero ciertamente no para sobrevivir y reproducirse mejor. Veremos en el transcurso de esta obra varios ejemplos que la teoría de Darwin no logra explicar así como posibles explicaciones alternativas, certificadas por experimentos científicos validados y consagrados por la comunidad científica. ¿Se equivocó Darwin? ¡Ciertamente no! Pero como todas las obras de la ciencia, se requiere de revisiones y mejoras.

Fin del dogma de la transmisión vertical del genoma

Desde finales de la década de 1970, dos grandes descubrimientos han arrojado nueva luz sobre lo que somos los humanos y cómo ha evolucionado la vida en nuestro planeta. El primero involucra a toda una categoría de seres vivos conocidos como *arqueas* (*Archaea*) (Gophna, 2022). Éstas parecen bacterias bajo el microscopio, pero su ADN revela que son sorprendentemente diferentes a ellas. El segundo descubrimiento fue una forma de transmisión hereditaria de caracteres genéticos, directamente entre sujetos de diferentes especies, que se denomina *transferencia horizontal de genes* (THG), cuando se creía que el ADN se transmitía sólo verticalmente, de padres a hijos.

El descubrimiento de las arqueas dio fuerza a los partidarios del fenómeno del hibridismo, que Darwin desconocía porque en su época se pensaba que la vida se transmitía verticalmente, es decir, de célula madre a célula hija, seleccionando los adecuados o adaptables y haciendo desaparecer a los demás. Hoy en día, el hibridismo es una de las hipótesis más acreditadas: las células eucariotas, es decir, las células de los animales se originaron, no por selección natural, sino por la entrada en una bacteria de un *archaeon*, listo para convertirse en un elemento integral de la nueva célula a través del proceso llamado endosimbiosis. El descubrimiento de la THG, como veremos en el segundo capítulo, cuestionó entonces la forma tradicional de pensar sobre la conexión entre una especie y otra: parece que pedazos de los genomas —es decir, del ADN— de todo tipo de animales, incluidos nosotros, han sido adquiridos por transferencia horizontal de bacterias u otras especies; pero nos ocuparemos de la THG en un rato.

Endosimbiosis, o "de dos nos convertimos en uno"

Pero veamos aquí, para entender mejor, adónde nos lleva el fenómeno de la endosimbiosis. Lynn Sagan Margulis era una profesora asistente de 29 años de Chicago cuando arrojó nueva luz sobre una vieja y extraña idea sobre la forma del *árbol de la vida*. El árbol de la vida es la representación gráfica en forma de árbol que ilustra cómo las distintas ramas que constituyen las diversas especies se han diferenciado a partir de un tronco inicial.

Es preciso introducir aquí el concepto de simbiosis para comprender ágilmente todo lo que sigue. *Simbiosis* indica —del griego *syn* y *bios* que significa "vivir juntos"— la necesidad mutua de dos formas de vida en donde una está disponible para que la otra pueda sobrevivir. Lynn Sagan presentó su estudio en marzo de 1967 con un extenso artículo publicado en el *Journal of Theoretical Biology* y titulado "Sobre el origen de las células mitóticas". Este artículo radical, sorprendente y ambicioso proponía reescribir dos mil millones de años de historia evolutiva. Presentó una serie de evidencias que respaldaban la extraña conjetura de que existen "algunas formas de vida" que se integran en otros seres y realizan funciones dentro de sus células. Adoptando el término anterior de simbiosis, D. Sagan llamó a esa idea *endosimbiosis* (Quammen, 2018).

En estos casos, los genomas de organismos vivos completos, no sólo genes individuales o pequeños grupos, se habían desviado y habían sido capturados dentro de otros organismos, integrando en sí toda la estructura viva que contenía el genoma. Ahora ambos cuerpos ya no podían estar el uno sin el otro.

"Este documento presenta la teoría", escribieron D. Sagan y Lynn Margulis, de que "la célula eucariota es el resultado de la evolución de una antigua simbiosis" (Margulis y Sagan, 1987). Las criaturas unicelulares habían entrado en otras criaturas unicelulares y, por casualidad y por intereses superpuestos, al menos algunos de estos apareamientos habían logrado una compatibilidad duradera. Eventualmente se convirtieron en más que socios. Los microbios incorporados, argumentó, se habían convertido en orgánulos, es decir, componentes funcionales de un nuevo compuesto, como el hígado o el bazo dentro de un ser humano, con nombres fantásticos y funciones distintas: mitocondrias, cloroplastos, centríolos. Eran elementos funcionales de un solo ser nuevo. De la unión de las dos nació un nuevo tipo de célula. Con el tiempo, la ciencia emergente de la filogenética molecular ha confirmado sustancialmente su teoría de la endosimbiosis, es decir, que las mitocondrias y los cloroplastos son el resultado de bacterias capturadas en las células.

Las mitocondrias, orgánulos de las células eucariotas, se originaron como organismos procariotas externos, introducidos en la célula como endosimbiontes, hace unos 1 500 millones de años. Las mitocondrias se habrían desarrollado a partir de proteobacterias, las arqueas. Prueba de que las mitocondrias se originaron a partir de la antigua endosimbiosis de las bacterias es, por ejemplo, el hecho de que las mitocondrias contienen un ADN diferente al del núcleo celular y similar al de las bacterias; un ADN circular de doble cadena, ribosomas propios y una doble membrana. Al igual que las bacterias, las mitocondrias no tienen histonas (proteínas reguladoras) y sus ribosomas son sensibles a algunos antibióticos (como el cloranfenicol). Además, las mitocondrias son orgánulos semiautónomos, pues se replican por escisión, independientemente de la célula.

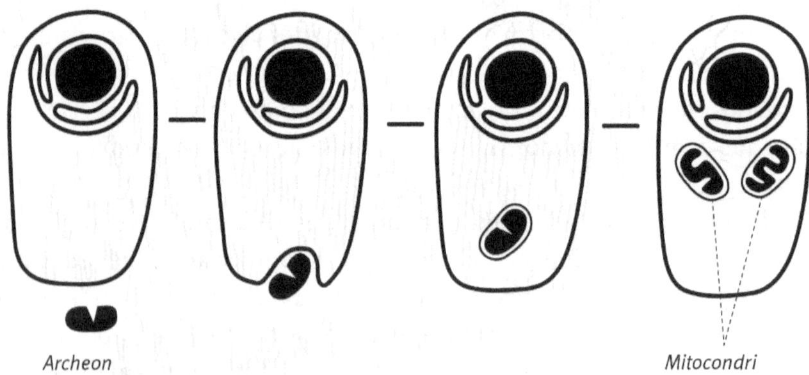

Figura 1.1. Transformación de arqueas en mitocondrias.

Penetrando en el interior de la célula bacteriana, el arqueón se convierte en una parte nueva y original de ella, por ejemplo una mitocondria, con su propio ADN, diferente del ya presente en el núcleo de la bacteria.

Aquí estamos en los albores de la vida en la tierra: al parecer, los primeros caminos evolutivos no se debieron sólo a la desaparición de los menos aptos tras mutaciones aleatorias del ADN, sino también a la entrada de

ADN en las células desde el exterior, en forma de arqueas o bacterias que se incorporaron, y esta incorporación se hizo estable y heredable. Así se abre el escenario de que la evolución de la vida no sólo se debió a la competencia, sino también a la colaboración entre especies.

2. Un árbol extraño, el de la vida, con ramas que se confunden

Vimos en el capítulo anterior que la evolución propuesta por Darwin es siempre actual y fascinante, pero hoy enfrenta nuevos retos. Uno es la presencia de formas de vida previamente desconocidas, llamadas arqueas, cuya fusión con bacterias condujo al nacimiento de células animales tal como las conocemos hoy. Esto es el concepto de endosimbiosis.

Junto al concepto de endosimbiosis, recordamos otro término que Darwin no podía conocer: la *transmisión horizontal de genes* (THG), es decir, el paso de fragmentos de ADN de un ser vivo a otro. Lo anterior desafiaba el modelo clásico de evolución mediante el cual de una especie —por mutación y selección— nacía otra, y así sucesivamente, como las ramas de un árbol. Con la THG, el ADN —aunque rara vez— pasa, no sólo de la célula madre a la célula hija, sino también se transmite a las células que cohabitan, es decir, de una especie a otra.

Fue a medida que se acumulaba nueva evidencia de la THG, que en la década de 1990 Lynn Margulis y otros biólogos comenzaron a cuestionar la creencia de que el modelo evolutivo es un árbol. "No lo es", dijo Margulis a un reportero en 2011. "El modelo evolutivo es una red, las ramas se fusionan" (Harris, 2011). Tenía razón: el árbol de la vida no tiene la forma perfecta de un árbol porque, si pensamos desde la perspectiva de la botánica, nunca sucede que en un árbol las ramas se fusionen, por el contrario, se ramifican más.

Aunque el reconocimiento del proceso de la THG se dio en la década de los 90, tuvo precedentes lejanos.

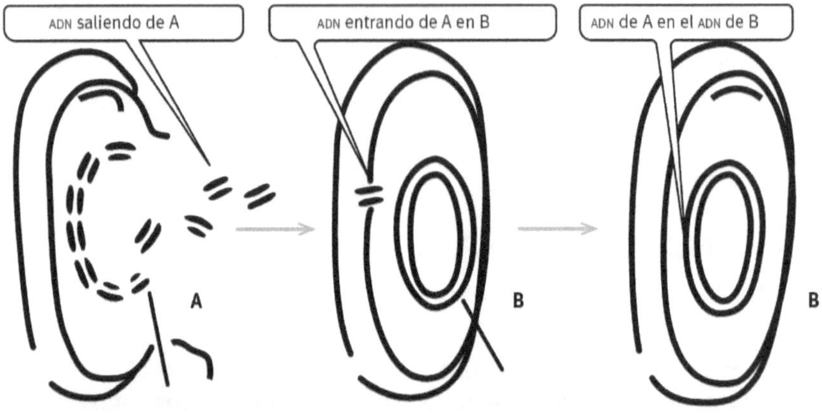

Figura 1.2. Mecanismo de transmisión horizontal de genes.

Fragmentos del ADN de una célula pasan a una célula diferente y le transmiten las características que codifica ese fragmento de ADN.

Estreptococos fuertes que donan ADN a estreptococos débiles

El primer reconocimiento por parte de la ciencia de que eso podría ser posible se remonta a 1928, publicado por un inglés llamado Frederick Griffith (1934). Nadie en ese momento, ni siquiera el mismo Griffith, vio las implicaciones de lo que había hallado.

Como oficial médico en el Laboratorio Patológico de Londres del Ministerio de Salud del Reino Unido, Griffith estudió lo que ahora se conoce como *Streptococcus pneumoniae*, un germen peligroso que puede causar una neumonía grave, a menudo mortal. Durante la pandemia de gripe de 1918-1919, este tipo de neumonía se afianzó como una infección secundaria en muchos pacientes y probablemente mató a más millones de personas que el propio virus de la gripe. El trabajo de Griffith, quien era pragmáticamente un médico, implicó identificar diferentes tipos de estreptococos —había cuatro— en diferentes pacientes y partes del país. Hizo sus pruebas examinando el esputo tosido de los pulmones de los pacientes.

En 1923, descubrió algo importante: cada uno de los cuatro tipos de estreptococos existía en dos formas diferentes, una ferozmente virulenta; y otra, leve. A veces, la forma virulenta puede cambiar a una forma leve, anotó. No sabía por qué, pero especialmente en ciertas circunstancias experimentales, la forma leve podía convertirse en virulenta.

Más tarde se entendió que la transformación que Griffith había presenciado se debía a la THG. Los experimentos de Griffith y otros han demostrado que, al flotar en el medio ambiente después de ser liberado de una célula bacteriana, el ADN puede penetrar en otra bacteria y provocar un cambio de tipo hereditario. Este tipo de pasaje lateral puede transportar ADN no sólo entre un tipo de *Streptococcus pneumoniae* y otro, sino también de una especie bacteriana a otra, de un género a otro, incluso de un dominio vital a otro.

Y las transformaciones que resultan de esa transferencia horizontal pueden ser mucho más abrumadoras que simplemente cambiar un germen de neumonía leve a virulento. En 2021, se documentó por primera vez una THG entre una planta y un insecto, la cual hizo que el insecto fuera insensible a las toxinas de la planta que alimentaba, pero con el efecto secundario de hacer que el insecto, una mosca blanca, fuera dañino para otros tipos de cultivos.

En el mundo actual, nos enfrentamos a una de estas consecuencias, la resistencia bacteriana a múltiples antibióticos, que se propaga horizontalmente, es decir, por contigüidad, entre diferentes tipos de bacterias. Puede ocurrir gradualmente o con un salto repentino, pasando el gen de resistencia a múltiples fármacos de bacterias inofensivas como la forma común de la *Escherichia coli* a bacterias peligrosas como la *Shigella dysenteriae*. Debido a esta propagación horizontal rápida y simple a través de fragmentos de ADN llamados plásmidos, la resistencia bacteriana se ha convertido en un problema terrible. Más de 23 mil muertes cada año en los Estados Unidos y 700 mil muertes en todo el mundo ocurren por infecciones debidas a cepas de bacterias resistentes a los medicamentos. Esta oscura y costosa tendencia ha sido impulsada no sólo por el abuso de antibióticos que selecciona cepas resistentes, sino también por la transferencia horizontal de genes, que propaga la resistencia instantáneamente.

El impacto de este fenómeno en la idea de la evolución darwiniana clásica es importante. Tradicionalmente se pensaba que la resistencia a los antibióticos surgía porque una bacteria había tenido accidentalmente una mutación genética que la hacía resistente a ese antibiótico, sobrevivía y se multiplicaba, mientras que todas las demás bacterias morían. La THG nos dice que junto a esta modalidad también está la de un paso a las bacterias circundantes de ese trozo de ADN que las vuelve insensibles al antibiótico. Como si, sin querer, un germen *ayudara* al otro a sobrevivir a una amenaza externa *entregándole* una parte de su ADN. Una vez más, el criterio de competición y atropello, base de la evolución tradicional, debe enfrentarse al *principio de colaboración*.

3. Las especies no son fijas. Se comunican entre sí

Dijimos que la visión evolutiva darwiniana representa la evolución como un árbol, es decir, con un tronco (las especies arcaicas primordiales), del cual toman vida las ramas (especies posteriores), luego otras ramas y así sucesivamente. Y la forma de nacer de las siguientes especies es doble: una mutación aleatoria (hoy diríamos "un cambio de ADN") que genera nuevas especies, y una selección que mata a las especies mutadas pero con mutaciones menos aptas para la vida. Sin embargo, este marco no prevé que las ramas puedan nacer de otra forma. ¿Cuál? Lo hemos visto en los capítulos anteriores: a veces sucede que una especie *inyecta* parte de su ADN en otra especie provocando, no mutaciones aleatorias, sino intercambios en beneficio de las que reciben el trozo de ADN, el cual les ayuda a sobrevivir; o que incluso un ser vivo entra en otro, y allí comienza a vivir y replicarse junto con las células del huésped, convirtiéndose de dos seres en un solo ser, lo que tiene como ventaja suprema el equipamiento cromosómico total, que es el de ambas especies que lo formaron. En resumen, parece que ciertas especies se comunican entre sí intercambiando fragmentos de genoma (ADN) de forma diminuta y oculta, pero eficiente, o incluso absorbiendo una especie en el cuerpo de otra, y asimilando así su ADN.

Esto ponía en crisis la visión rectilínea de la evolución, como hemos visto en algunos casos de aparición de resistencia a los antibióticos en ciertas bacterias, debido al intercambio recíproco de genes de resistencia.

Las implicaciones de este paso de ADN entre especies, llamado THG, van mucho más allá del problema de la resistencia a los antibióticos. Esas implicaciones incluyen cómo funciona la evolución, ¿con mecanismos darwinianos clásicos o no?, y cómo ha funcionado durante la mayor parte de los últimos cuatro mil millones de años.

La THG contradice la creencia de que las especies bacterianas son fijas e incomunicables. Si los genes cruzan rutinariamente la frontera entre una especie de bacteria y otra, ¿en qué sentido habría realmente una frontera?

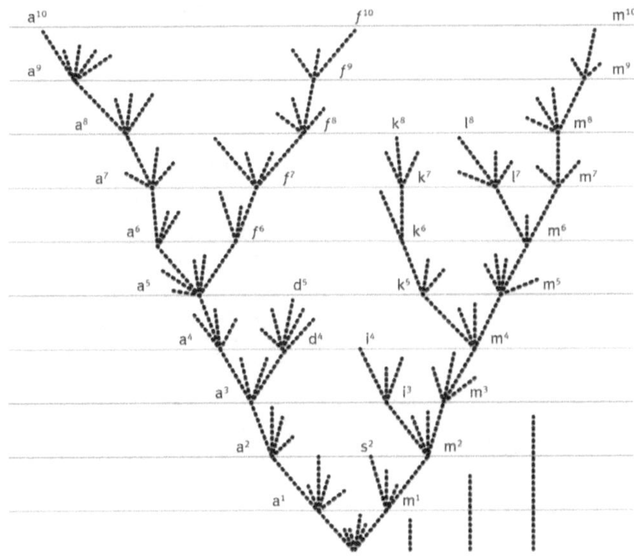

Figura 1.3. El árbol de la vida.

Para 1999, los hallazgos habían progresado hasta tal punto que Ford Doolittle, investigador y teórico de Halifax, Nueva Escocia, publicó un artículo de revisión en la revista *Science* que puso a la THG en el centro de una nueva discusión: ¿realmente es posible clasificar organismos en un *orden natural* colocándolos en un árbol esquemático de la vida? (Doolittle, 1999). Doolittle ilustró, literalmente, las dificultades del esquema tradicional con su figura dibujada a mano de lo que llamó un *árbol reticulado* (véase figura 4).

Pero eso no es todo. Con el tiempo, nuevas investigaciones han demostrado que los genes incluso se han transferido entre organismos complejos. Veamos un ejemplo. Hay un grupo especial de pequeños animales conocidos como rotíferos, famosos en biología molecular por su enorme carga de genes de otros animales. Un rotífero grande podría tener un milímetro de largo, lo suficientemente grande como para ser visible; pero por pequeños que sean, no son criaturas unicelulares. Son animales pluricelulares. Cuando los investigadores de Harvard secuenciaron secciones del genoma de una especie de rotífero, encontraron al menos 22 genes que debían haber llegado por THG (Gladyshev, 2008). Algunos de estos eran genes bacterianos, otros eran hongos. Un gen venía de una planta. Trabajos posteriores sugirieron que el 8% de los genes había sido adquirido (Debortoli, 2016).

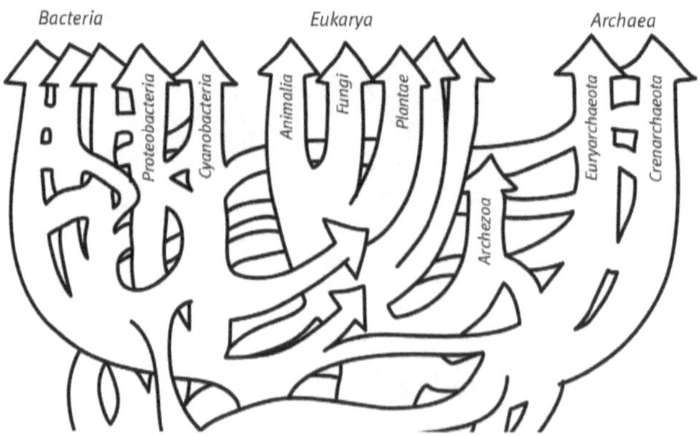

Figura 1.4. Árbol reticulado.

En la versión hipotetizada por Doolittle (véase su boceto original, figura 4), las ramitas/especies más pequeñas a veces se fusionan entre sí por el paso de material genético o por la incorporación de un sujeto de una especie dentro de un sujeto de la otra, dando así origen a un tercero y diferente tipo de especie por transferencia horizontal de bacterias u otras criaturas. ¿Los genes se transmiten entre animales? Para el dogma de la ciencia de la época tenía que ser absolutamente imposible. Pero no lo fue.

No sólo en las bacterias, sino también en los insectos

La THG también ha comenzado a ser hallada en los insectos. El caso más emblemático fue el de una especie de mosca de la fruta, que había incorporado casi todo el genoma de una bacteria conocida como *Wolbachia* —más de un millón de letras de código genético— a su genoma nuclear. Una vez más, esto tenía que ser imposible.

Y una investigación más reciente ha encontrado evidencia de ADN bacteriano transferido horizontalmente en genomas tumorales (Dunning, 2011). Como ocurre en ciertos mamíferos, y como hace el *Agrobacterium tumefaciens* al inyectar un plásmido —es decir, un fragmento de ADN— en las células de un árbol, desencadenando el nacimiento de la formación de un tumor. Lo que significa esta vertiginosa revelación aún no está claro, pero existe al menos alguna posibilidad de que tales aportes puedan desempeñar un papel en la causa del cáncer. La inclusión de la THG en la lista de sospechosos cancerígenos la saca del mero debate dentro de la microbiología, para asumir rasgos perturbadores para los humanos.

El efecto acumulativo de estos descubrimientos fue cuestionar tres conceptos que durante mucho tiempo hemos considerado categóricamente sólidos: los conceptos de *especie*, de *individuo* y de *árbol de la vida*. Ahora podemos entender mejor que los límites entre una especie y otra no son tan claros e impermeables como pensábamos. Que el individuo vivo, incluido el individuo humano, es un ente único e irrepetible, por supuesto, pero al mismo tiempo un mosaico de formas de vida y genes de diversos orígenes. Y que el árbol de la vida, como dijimos antes, no es un árbol. Es decir, la historia de la vida no es como cualquier planta de árbol que levanta sus ramas en un bosque. De hecho, tiene una característica fundamental que contradice la dogmática de los acólitos tradicionalistas de Darwin: sus ramas a veces se confunden entre sí.

Todo esto Darwin no podía haberlo sabido. En realidad, estos descubrimientos no cuestionan la estructura básica de su teoría, porque incluso si se transmiten de una especie a otra en lugar de ocurrir por mutación aleatoria, entonces los nuevos rasgos genéticos pueden haber sido conservados por selección natural. Sin embargo, quienes pensaban que la mutación aleatoria es la única forma de evolución del genoma, aquí encuentran una drástica refutación.

4. El *dogma central* de la biología se derrumba

La evolución darwiniana ha allanado el camino para entender el desarrollo de la vida en la tierra; pero hoy cada vez más nociones provienen del mundo de la investigación biológica y algunas complican lo que al naturalista inglés le parecía un camino pavimentado y recto. Es una historia en donde la herencia de los personajes no sólo ha seguido un camino vertical de padre a hijo, sino también un camino horizontal que pasa de especie en especie; y todas las jerarquías y fronteras convencionales han resultado ser más transgresibles e imperfectas de lo que habíamos supuesto.

Una de las disciplinas que ayudan a refutar el dogma de la evolución producida únicamente por mutaciones aleatorias y selección de los más adecuados se denomina *epigenética*. La epigenética es una rama de la biología ya establecida y sólida, que muestra un hecho particular y contundente: el ADN se expresa no sólo de acuerdo con lo que tiene escrito, sino también de acuerdo con el ambiente que rodea a la célula y el propio ADN, que modula la forma en que se expresa, haciendo que algunos genes del ADN *hablen* al tiempo que *silencian* a otros. Ésta es la razón por la cual dos gemelos, con ADN idéntico, tienen rasgos físicos diferentes, es decir, no son puras fotocopias: el entorno hizo que los dos ADN idénticos se manifestaran de manera diferente. Éste es un hecho que desmiente lo que durante años se llamó el *dogma central* (Chang, 2023) de la biología, es decir, que el ADN no estaba influenciado por el medio ambiente. En realidad, los fenómenos ambientales no alteran el ADN en sí, sino su forma de expresarse, silenciando algunos genes y activando otros que antes estaban en sigilo. A continuación, veremos una primera demostración de esto.

Los renacuajos de grandes mandíbulas

Al crecer en el sur de Texas, el investigador David Pfennig estuvo fascinado en algún momento de su vida por los renacuajos. Cuando las tormentas de verano bañan las llanuras normalmente secas, los sapos de espuelas emergen de sus madrigueras para poner sus huevos en charcos de agua. Los renacuajos suelen alimentarse delicadamente de algas, pequeños crustáceos y desechos que encuentran allí. Pero estos mismos sapos a veces generan renacuajos muy diferentes cuando abundan presas más grandes en el ambiente; en este caso, los renacuajos tienen los músculos de la mandíbula sobresalientes y piezas bucales dentadas, además, se comportan agresivamente y comen crustáceos más grandes, como los camarones.

Más tarde, cuando se convirtió en biólogo, la fascinación de Pfennig por los renacuajos se convirtió en curiosidad científica. Ambos tipos de renacuajos, los de mandíbula pequeña y los de mandíbula protuberante, tenían los mismos padres y, por lo tanto, los mismos genes. El hecho de que pudieran tener rasgos tan diferentes, presumiblemente debido a entornos diferentes, no concordaba con la visión genética que Pfennig había adquirido durante sus estudios en la década de 1980, en donde los genes heredados de los padres deberían dictar cada detalle de cómo se comportan y aparecen los animales. "Sin embargo, aquí observé animales que pueden cambiar sus rasgos en respuesta al medio ambiente", recuerda Pfennig, ahora director de un laboratorio en la Universidad de Carolina del Norte en Chapel Hill. "Fue una especie de fenómeno asombroso" (Pennisi, 2018).

Cuando abundan las algas y las presas pequeñas, los renacuajos tienen mandíbulas pequeñas y son suaves. Pero si el estanque también contiene camarones, algunos renacuajos se convierten en carnívoros agresivos. Al explotar la fuente atípica de alimentos, crecen más rápido con proteínas adicionales y tienen más posibilidades de llegar a la edad adulta antes de que se seque el agua de la piscina donde viven.

Claro, puede ser un fenómeno inscrito en todos los renacuajos de ese tipo: si la naturaleza te ofrece algas, entonces creces con una mandíbula para las algas, pero si la naturaleza te ofrece camarones, entonces se te saltan los dientes, y si no los necesitas quedan ocultos. Pero recientemente, Pfennig y su equipo descubrieron algo aún más extraordinario que la alucinante plasticidad del comportamiento. En una especie de sapo de espuelas, encontraron que la etapa de renacuajo carnívoro agresivo con dientes de mandíbula de camarón echó raíces, lo que significa que pasó a las generaciones posteriores sin un desencadenante dietético específico. Una respuesta inicialmente flexible al entorno se ha estabilizado.

Pfennig llama a este fenómeno *evolución impulsada por la plasticidad*; es decir, hubo un primer cambio fenotípico debido a un estímulo ambiental (en lugar de una mutación casual del ADN) y luego una conservación de ese cambio en generaciones posteriores a través de la selección natural. La diferencia con el mecanismo darwiniano es clara, aunque matizada: el origen del cambio no es el caso sino una interacción con el ambiente del camarón.

Para algunos, tales descubrimientos evocan el espíritu del naturalista francés Jean-Baptiste Lamarck. Décadas antes de que Charles Darwin expusiera su teoría de la evolución en *El origen de las especies*, Lamarck y otros biólogos habían propuesto diferentes mecanismos para el cambio evolutivo. A principios del siglo XIX, Lamarck afirmó que los organismos pueden adquirir nuevas características a lo largo de su vida: cuellos más largos para las jirafas que buscan comida, patas palmeadas para las aves acuáticas que después las heredan a sus crías. Posteriormente, los biólogos abandonaron el lamarckismo cuando surgió la visión clásica de la evolución, es decir, que los organismos evolucionan como resultado de la selección natural que actúa sobre cambios genéticos casuales. ¿Pero no fue como tirar "al bebé con el agua del baño"?

Hoy sabemos que, como Darwin, Lamarck también obviamente ignoró grandes áreas de la biología que se desarrollaron más tarde, en particular las reglas mendelianas de herencia, y sus teorías quedaron poco documentadas. Pero Lamarck también tuvo ideas brillantes que algunos científicos hoy en día están volviendo a apreciar para su asombro. Lo veremos mejor a continuación, donde abordaremos el tema crucial: la epigenética.

5. Cambios en el ADN debidos a las influencias del medio ambiente, no sólo por casualidad

¡Qué rápido cambia el conocimiento científico! Lo que ayer parecía la última frontera, hoy ya es viejo. Y el darwinismo también ha tenido que lidiar con este torbellino de progreso y novedad, dejando algunos principios en el camino y aferrándose a otros. Una de las mayores intervenciones de la ciencia en el campo evolutivo ha sido verificar que los cambios en la apariencia de las especies pueden ocurrir por efecto del ambiente y que los cambios en la expresión del ADN, luego de ser inducidos por el ambiente, pueden persistir por varios años y generaciones. Es el fenómeno llamado epigenética, que pone en crisis las teorías darwinianas. De hecho, para Darwin, la evolución sigue dos pasos: una mutación casual de un individuo y la muerte de todos los individuos similares que, al no haber tenido esa mutación, son inadecuados para nuevas circunstancias. La epigenética, por su parte, nos dice que no es siempre necesaria una mutación del ADN sino su regulación, y que ésta no es casual sino inducida por el entorno.

Recordemos qué es la epigenética: es la capacidad del entorno para determinar un silenciamiento o activación de uno o más genes. Este hecho es un descubrimiento de las últimas décadas y reescribe el comportamiento del ADN, que hasta entonces se consideraba inmune a cualquier estímulo externo, salvo las mutaciones debidas a la radiación, por ejemplo. La epigenética explica que existe un sistema de regulación de la expresión de genes que, al mismo tiempo, está regulado por el entorno.

Vimos en el capítulo anterior que el medio ambiente puede determinar una plasticidad de los organismos y que esto puede afectar la evolución de las especies. Ammon Corl, con Rasmus Nielsen de la Universidad de California, Berkeley, y sus colegas encontraron una interacción similar entre la plasticidad y la evolución en los lagartos de manchas laterales del desierto de Mojave en California. También especularon qué genes pueden ser responsables de este fenómeno.

Los lagartos negros del desierto

En las partes arenosas de Mojave, los lagartos con manchas laterales tienen la piel en tonos marrones (véase figura 5). Pero los que viven en el oscuro flujo de lava del Pisgah del Mojave se encuentran entre los lagartos más negros, presumiblemente para camuflarse de los depredadores. En la década de 1980, Claudia Luke, entonces estudiante universitaria en UC Berkeley y ahora en la Universidad Estatal de Sonoma en Rohnert Park, California, intercambió el hábitat de las lagartijas claras y oscuras entre superficies arenosas y de lava, y descubrió un primer fenómeno interesante: ambas variedades pueden ajustar sus colores para adaptarse a nuevos entornos en tan sólo unas pocas semanas. Pero también descubrió algo inesperado: a diferencia de las lagartijas negras que lograron volverse marrones, las lagartijas del entorno arenoso no oscurecieron su piel en la lava negra, lo que sugiere una diferencia genética en la capacidad de las lagartijas para cambiar de color (Stephens, 2018).

Figura 1.5. Lagarto del desierto de Mojave.

La observación de Luke siguió siendo un enigma durante 20 años, hasta que su tesis original fue retomada por el recién graduado Ammon Corl con Barry Sinervo, un ecologista conductual de la UC, Santa Cruz. Corl secuenció los genes de la progenie de lagarto de los dos hábitats (arena o lava) para rastrear las diferencias genéticas. Él y sus colegas descubrieron dos genes, PREP y PRKARIA, que mutaron en lagartos más oscuros. Cada uno afecta la cantidad de pigmento oscuro, melanina, producido en la piel (Corl, 2018).

Cuando la lava se enfrió por primera vez hace 20 mil años, sugieren los investigadores, la plasticidad fenotípica permitió que las lagartijas pálidas que vagaban por la lava recién enfriada se oscurecieran para esconderse y sobrevivir en el nuevo entorno. Pero estos primeros animales mutados probablemente tenían diferentes tonos de color, y los depredadores atraparon a aquellos con mutaciones que los llevaron a coloraciones menos oscuras. La presión selectiva favoreció a aquellos con una mayor capacidad de mimetizarse. "Los cambios plásticos en la coloración facilitaron la supervivencia inicial y, por lo tanto, las adaptaciones genéticas permitieron que las lagartijas se volvieran aún más oscuras" (Pennisi, 2018), dice Patricia Gibert, bióloga evolutiva de la Universidad Claude Bernard en Lyon, Francia. "Este estudio proporciona uno de los mejores ejemplos de cómo la plasticidad precede al cambio genético adaptativo" (Pennisi, 2018), agrega Cameron Ghalambor, ecologista evolutivo de la Universidad Estatal de Colorado.

Es decir, algunas lagartijas transportadas sobre fondo negro se volvían negras y la selección que hacían los depredadores permitía sobrevivir a las lagartijas más negras, esto es, las que tenían mayor capacidad para camuflarse. Luego, los hijos de estos lagartos negros heredaron automáticamente el color negro de sus padres negros. Este proceso de cambio genético se llama *efecto Baldwin*. En biología evolutiva, el efecto Baldwin describe el efecto que las características somáticas adquiridas tienen sobre la evolución. En resumen, a finales del siglo XIX, James Mark Baldwin y otros sugirieron que la capacidad de un organismo para adquirir nuevos comportamientos o rasgos somáticos no necesariamente debida a una mutación del ADN (p. ej., para aclimatarse a un nuevo factor estresante) afectará su éxito reproductivo y así tendrá un efecto sobre su especie a través de selección natural. En otras palabras, y aquí radica el punto central, mientras que para cierto evolucionismo la mutación que se selecciona es causal, en este caso no interviene la casualidad, sino que la mutación es inducida por el entorno.

Este fenómeno pone en duda el primer principio de la evolución tal como fue diseñado por Darwin, es decir, el principio de las mutaciones casuales. Pero, ¿es posible entonces que las mutaciones ocurran más rápido de lo que se pensaba sólo sobre una base darwiniana? Esto lo veremos en el próximo capítulo.

6. Lamarck es reevaluado

La evolución de la vida tal como la mira la vulgata darwiniana tiene como dogma que las formas que subsisten son aquellas que sobreviven a los eventos adversos. Ciertamente, sin embargo, hay contradicciones y fenómenos que hacen dudar que todo sucediera de forma tan lineal. Hemos visto en los capítulos anteriores el fenómeno constituido por las arqueas, que es la simbiosis entre bacterias que dieron origen a nuevas especies, y la transmisión horizontal de genes, que es el paso de fragmentos de genomas entre distintas especies; luego asistimos al surgimiento del mundo de la epigenética, es decir, un sistema genético que regula el propio genoma (véase figura 6). Todos estos fenómenos muestran la no linealidad de la evolución y su dependencia plástica al entorno y no sólo a la mutación casual. Por lo tanto, es interesante explorar mediante qué mecanismos la evolución de las especies ha sido más rápida de lo concebible en ciertos casos y, si habría que ceñirse a la aparición causal de las mutaciones y su subsistencia, sobre la base del concepto de supervivencia de los más adecuados a los factores ambientales, según la dogmática darwiniana. Actualmente los científicos están utilizando organismos de reproducción rápida para estudiar estos fenómenos.

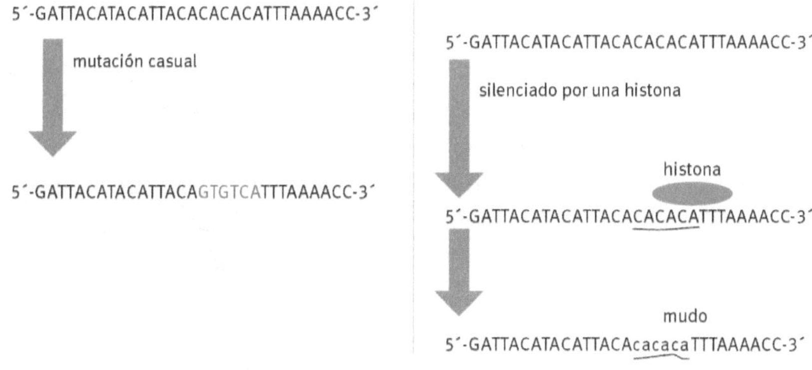

Figura 1.6. Mutación y alteración epigenética.

En el laboratorio de Jonas Warringer en la Universidad de Gotemburgo en Suecia, Simon Stenberg aplica estresores ambientales a las levaduras durante diferentes períodos de tiempo y prueba la respuesta plástica o permanente de los organismos. En una serie de experimentos, expuso la levadura al agente parásito Paraquat, el cual hace que las células produzcan altas concentraciones de radicales libres de oxígeno que dañan el ADN de la levadura (Stenberg *et al.*, 2022).

Levadura que cambia su ADN en respuesta al veneno

Para evaluar la salud de la levadura, Stenberg mide su tiempo de duplicación: cuánto tarda una colonia de células de levadura en duplicar su tamaño. Cuando Stenberg aplicó la toxina por primera vez, el tiempo de duplicación de la levadura aumentó de la habitual hora y media a cinco horas. Al suspender la aplicación del plaguicida, después de apenas cuatro generaciones, sólo algunas de las colonias recuperaron la mitad de su tasa de crecimiento. Dado que es muy poco tiempo para que surja una adaptación genética y afecte a toda una colonia, Stenberg concluyó que al menos parte de la levadura tenía una forma de plasticidad fenotípica que le permitía hacer frente a los radicales libres en exceso. Cuando dejó de aplicar Paraquat y luego volvió a aplicarlo de tres a 100 generaciones más tarde, las tasas de crecimiento de las colonias cayeron en picado nuevamente después de 10 generaciones: el mecanismo desconocido de resistencia al Paraquat aún no estaba codificado de forma permanente en los genomas de la levadura. Pero después de una exposición constante al Paraquat durante 150 generaciones, la levadura desarrolló una adaptación permanente de resistencia al herbicida.

Luego, Stenberg descubrió cuál podría ser el mecanismo de adaptación de la levadura: eliminar parte o la totalidad del ADN en sus mitocondrias, los orgánulos de las células que producen energía (las propias mitocondrias generan radicales libres). Cuando la levadura se expuso por primera vez a los pesticidas, redujo temporalmente su ADN mitocondrial, un cambio reversible. Sin embargo, después de una exposición prolongada, el cambio se volvió estable, duradero, porque dejó de producir el genoma mitocondrial por completo (la levadura se encuentra entre los pocos organismos eucariotas que pueden sobrevivir sin ADN mitocondrial). "La adaptación fue asimilada genéticamente", dice Stenberg (2019).

La adaptación lamarckiana

Todo esto remite al concepto lamarckiano de *adaptación*. ¿De qué se trata? Es el concepto de que una modificación genética puede ser inducida por el ambiente, sin pasar por el mecanismo darwiniano de selección y muerte de los menos aptos. Todo esto aún requiere más investigación y profundización de otros estudios, pero es convincente, y explicaría la rapidez de las mutaciones evolutivas que la teoría darwiniana, aunque bien fundamentada, no puede explicar. Por supuesto, cuando muchos ven el término *evolución de Lamarck*, la reacción es que se trata de una teoría desacreditada desde hace mucho tiempo. Pero la reacción podría cambiar y en los últimos años los criterios lamarckianos quizás estén teniendo una justa reevaluación, como parecen mostrar los trabajos de la bióloga israelí Eva Jablonka (2017), por ejemplo.

En realidad, la idea de una evolución o un cambio de especie es aún anterior tanto a Lamarck como a Darwin. Científicos y filósofos cercanos al iluminismo francés, como Pierre Louis Maupertuis, Georges-Louis Leclerc de Buffon y Julien Offray de La Mettrie reelaboraron el mecanismo de eliminación de seres vivos deformes propuesto por Lucrecio en *De rerum natura* e hipotetizaron una derivación de las especies las unas de las otras. A principios del siglo xix empezaron a surgir entre los científicos naturales las primeras dudas concretas: de hecho, en los estratos rocosos más antiguos no se encuentran vestigios (fósiles) de seres vivientes actuales y se hallan otros pertenecientes a organismos actualmente inexistentes; entonces nuevas especies habían aparecido y otras más antiguas se habían extinguido. En 1809, el naturalista Lamarck presentó por primera vez una teoría evolucionista según la cual los organismos vivos cambiarían gradualmente con el tiempo adaptándose al medio ambiente: el uso o no uso de ciertos órganos conduciría a su fortalecimiento o atrofia con el tiempo.

Jean Baptiste Lamarck fue un biólogo que vivió entre finales del siglo xviii y principios del xix. Era botánico y experto en taxonomía de invertebrados. También escribió sobre física, química y meteorología. Es mejor recordado por la publicación de *Philosophie zoologique* en 1809, en la que expone su teoría de la evolución. En esta obra describe dos leyes de la naturaleza. La primera es que los animales desarrollan o pierden rasgos físicos dependiendo del uso de éstos. Por ejemplo, las jirafas tienen cuellos largos porque constantemente se estiraban para alcanzar las hojas altas de los árboles a lo largo de su vida. La segunda ley establece que estos cambios adquiridos en el curso de la vida se transmiten a la descendencia, es decir, se heredan. Estas dos leyes explican cómo evolucionan las especies a través de la adaptación continua a su entorno y, finalmente, se ramifican en nuevas especies una vez que los cambios se han vuelto suficientemente largos. ¿El lamarckismo que ha salido por la puerta vuelve ahora por la ventana? Ya veremos.

7. Colaboración en lugar de lucha

La evolución en términos darwinianos fue una gran innovación cultural, y todo lo que ahora sabemos (¡y lo que aún ignoramos!) no sería posible sin los puntos fijos establecidos por Lamarck y Darwin. Todo evoluciona, sin embargo, incluso las teorías; por lo tanto, nos fascinan los descubrimientos modernos que a veces refuerzan y a veces refutan ciertas suposiciones de los precursores.

Veremos, en este capítulo de nuestra investigación, un fenómeno particular que parece contradecir el supuesto darwiniano de la evolución como supervivencia de los individuos: la persistencia y afirmación de factores altruistas entre individuos y especies. De hecho, un campo por explorar es la supervivencia de los factores altruistas. Esto contradice el supuesto darwiniano de la supervivencia del más apto: si un sujeto por instinto es llevado a sacrificar su vida por la supervivencia de los demás, como ocurre con las abejas, cuando una va al ataque, pica y muere para salvar la colmena, o —en el mundo de los mamíferos— como sucede con el instinto maternal de sacrificio por los niños. Por ejemplo, en muchas especies de herbívoros (ciervos, gamos, gacelas) hay individuos que señalan la presencia de cualquier depredador montando guardia y exponiéndose a riesgos mucho mayores que el resto de la manada.

Todos estos ejemplos, por lo tanto, necesitaban nuevas teorías que expliquen su existencia. Esto va de la mano con la otra paradoja: mientras —según los seguidores de Darwin— sería el sujeto autónomo y egocéntrico el que mejor puede sobrevivir, es decir, el que sabe afirmarse frente a los cambios y dificultades, de la sociedad o del medio ambiente, ¡en la naturaleza notamos que la supervivencia del egoísta es paradójicamente difícil! La supervivencia del egoísta sólo es posible en una esfera de sujetos altruistas: un grupo de sujetos egoístas está destinado a implosionar, y por eso el comportamiento altruista es el predominante.

El beneficio mutuo

Paralelamente al fenómeno paradójico de la mejor supervivencia de los altruistas, existe el fenómeno llamado *mutualismo*. El mutualismo es el conjunto de mutaciones y cambios de un individuo o una especie que ha surgido para adaptarse a un huésped, o para inducir en el huésped una reacción de defensa hacia el anfitrión. Para dar ejemplos, debemos ir a un campo no apto para personas con un estómago débil, sin embargo un campo importante:

el estudio de los gusanos. Al estudiar la evolución experimental de una tríada de seres vivos, dos bacterias y un gusano, Kayla King y sus colaboradores demostraron que las bacterias levemente patógenas (*Enterococcus faecalis*) que viven en los gusanos (*Caenorhabditis elegans*) evolucionaron rápidamente para defender a sus anfitriones animales de infecciones con un patógeno más virulento (*Staphylococcus aureus*), a través del mecanismo de mutualismo (Ford, 2017). En otras palabras, una bacteria evoluciona para salvar al gusano donde vive. ¿Altruismo? No: mutualismo, es decir, actuar en beneficio de otro, pero para salvarse uno mismo.

Sin embargo, el hecho de que ese *convivir* se haya convertido en un rasgo del ADN codificado por los genes dice mucho de la relación entre medio ambiente y evolución del ADN, porque aquí se requiere una doble adaptación y, por tanto una doble mutación: la del anfitrión y la del huésped. Difícil de justificar si la única explicación es una mutación al azar.

Otra forma aparente de altruismo evolutivo es aquélla que se encuentra en otras especies de lombrices, en las cuales la hembra, en caso de falta de alimento en el medio ambiente para sus larvas, no abre su vulva, impidiendo que salgan, con lo cual se convierten en caníbales alimentándose de su madre.

Por otro lado, cuando hay suficiente comida para sobrevivir, las larvas de gusano pueden entrar en un estado de animación suspendida llamado etapa de espera hasta el desove. Sin embargo, sucede que este comportamiento matricida puede dar lugar a una mutación genética y llegar a ser estable, es decir, a ocurrir incluso en presencia de alimentos. El trabajo de Christian Braendle, y de sus colegas, muestra que el matricidio es en realidad una respuesta plástica codificada en genes que, tras una mutación, se ha vuelto permanente (Vigne, 2021).

Entonces, 200 años después, los biólogos se están dando cuenta de que Lamarck no se equivocó al señalar que las respuestas rápidas y flexibles al medio ambiente —algo que los biólogos ahora conocen como *plasticidad*—, pueden impulsar un cambio duradero. Pero, y en esto Darwin y luego Mendel tenían razón, las mutaciones también aparecen en este caso como importantes motores de la evolución. Las respuestas al entorno "pueden ser los precursores y los genes las consecuencias", dice Patricia Gibert. "Esto es un cambio en la forma de pensar".

Pero no nos detenemos ahí; en el próximo episodio intentaremos abordar la respuesta a un enigma: si está claro que ante un evento ambiental catastrófico, una mutación casual puede hacer que un individuo sobreviva (por ejemplo, hacerlo tolerante a un veneno esparcido en el ambiente) mientras todos los demás mueren, ¿cómo se explica que los cambios en individuos y especies hayan afectado en cambio también rasgos que no sirven para sobrevivir (por ejemplo, el acortamiento progresivo de los dedos de los pies o el aumento de la estatura humana) a lo largo de los siglos? Sin embargo, recuerda que... la evolución va evolucionando y las teorías se van sumando.

8. Mutando el ADN en beneficio de otro ser

La evolución darwiniana se basa en mutaciones aleatorias que provocan cambios en la apariencia o las funciones; éstas así cambiadas serían entonces seleccionadas por el entorno si son funcionales para él, de lo contrario, morirían. Este razonamiento concierne —como puede verse— al individuo solo: un sujeto nace con una nueva enzima, el ambiente es tóxico para aquellos que no tienen esa enzima, ergo todos los demás mueren y este individuo sobrevive y se reproduce. Pero, ¿cómo se explica el fenómeno mediante el cual la mutación de un sujeto debe adaptarse a la mutación de otra especie porque, de lo contrario, ni uno ni otro sobrevivirían? El llamado *mutualismo* parece ser un obstáculo para la explicación darwiniana de la evolución: el mutualismo es una forma de relación altruista de intercambio de favores entre dos especies. A diferencia de la simbiosis —llamada parasitismo—, en donde sólo una de las dos especies gana con la coexistencia, en el mutualismo ninguna de las dos especies que cohabitan podría sobrevivir sin la otra. Lo cual implica que se necesitaron dos mutaciones paralelas y simultáneas para salvar ambas especies.

Figura 1.7. Mutualismo.

El nepente se alimenta de insectos, pero no de las hormigas que viven dentro de su flor, éstas lo ayudan a digerir a sus víctimas. Se trata de un caso increíble de coevolución: la planta ha decidido no matar a las hormigas, y las hormigas han creado su hogar en la flor; las generaciones posteriores de nepentes y hormigas ya no pueden prescindir una de otra.

Éste es el caso de ciertas flores: la planta carnívora *Nepenthes bicalcarata* (véase figura 7) atrae insectos con su néctar y los hace caer al interior de su corola a través de los dos dientes del tallo. Por si la *aleatoriedad* fuera poco, ha desarrollado un mutualismo con un tipo de hormigas que viven en el interior de los nepentes, se alimentan de los restos de los insectos devorados por la planta y le salvan la vida evitando que los restos la estropeen y la maten. Por su propio lado, las hormigas de este tipo han evolucionado para esta función específica sin la cual morirían.

Pez payaso, cocodrilos y otros ejemplos asombrosos

Un ejemplo de simbiosis mutualista es la relación entre los peces payaso (como los que aparecen en la película de animación *Buscando a Nemo*) que viven entre los tentáculos de las anémonas de los mares tropicales. El pez payaso protege a la anémona de los peces que se alimentan de ella y, a su vez, los tentáculos punzantes de la anémona protegen al pez de sus depredadores, pues una mucosidad especial en el pez payaso lo protege de los tentáculos punzantes. Otro ejemplo es el *Gobius*, un pez óseo del océano Atlántico, que convive con un camarón. El camarón cava y limpia una madriguera en la arena en la que viven tanto el camarón como el pez. El camarón es casi ciego, condición que lo hace vulnerable a los depredadores cuando se mueve por encima del nivel del suelo. En caso de peligro, el pez toca al camarón con su cola para alertarlo. Cuando esto sucede, ambos se retiran rápidamente a la madriguera. El uno sin el otro, ¡realmente estarían en problemas!

Un famoso ejemplo de mutualismo es el que existe entre el chorlito egipcio, un pequeño pájaro multicolor, y el cocodrilo del Nilo. En esta relación, el cocodrilo incluso llega a mantener sus fauces bien abiertas, para permitir que el ave limpie las sobras y parásitos de los dientes. Para el ave, esta relación no sólo sería una fuente segura de alimento, sino también un escudo contra los depredadores que nunca se atreverían a acercarse al cocodrilo para atacar al ave.

Y qué decir del mutualismo existente entre la planta de acacia y la hormiga *Pseudomyrmex ferrugineus*: la acacia ofrece protección y alimento al insecto, y la hormiga defiende a la acacia de los agresores.

Pero abundan los ejemplos que muestran la supervivencia a través del beneficio mutuo y no del atropello. Otra forma bien conocida de mutualismo es la que existe entre la abeja y la flor: la abeja sin flor moriría de hambre y algunas flores sin abeja no podrían reproducirse. Así como el ser humano sin los miles de millones de bacterias que contiene su cuerpo no podría vivir, pero incluso las bacterias sin el ser humano no tendrían un hábitat adecuado.

La bióloga Lynn Margulis, famosa por sus investigaciones sobre la endosimbiosis, especula que el mutualismo puede ser un componente importante de la evolución. De hecho, considera incompleta la noción darwiniana de evolución, impulsada por la competición, y afirma que la evolución se basa fuertemente en la cooperación, interacción y dependencia mutua entre organismos. Según Margulis y Sagan: "La vida no colonizó el mundo a través del combate, sino a través de la interconexión" (Margulis y Sagan, 1987).

La evolución entre dos seres vivos mutualistas tiene reglas diferentes y velocidades diferentes a las habituales: la evolución mutua (dirigida por otro ser vivo) puede diferir de la evolución dirigida por factores ambientales no vivos.

Hay que tener en cuenta que en el mutualismo que acabamos de describir, la paradoja es que una mutación no tendría sentido sin la mutación complementaria de la otra de las dos especies mutualistas. Y dado que los mutualistas pueden coevolucionar, mientras que el entorno no vivo no puede, la velocidad de la evolución del mutualismo puede ser más rápida, una idea que recibe apoyo de los estudios genéticos sobre mutualismos de las plantas y de sus polinizadores. Analizando el genoma de seis especies de hormigas *Pseudomyrmex* (de las que hablamos antes) y comparándolo con el de *Pseudomyrmex gracilis* (una especie no mutualista utilizada como referencia), Benjamin Rubin y Corrie Moreau encontraron que el genoma de las especies mutualistas exhibía una mayor tasa de evolución molecular. Rubin y Moreau también señalan que los genes que evolucionan más rápido están involucrados en los procesos nerviosos, lo que convierte efectivamente el sistema nervioso en un posible objetivo para la evolución de los comportamientos mutualistas (Rubin *et al.*, 2019). De hecho, entre las hormigas mutualistas y no mutualistas del género *Pseudomyrmex*, uno de los rasgos más diferenciados es la actitud hacia los depredadores. Las primeras, que construyen sus nidos exclusivamente en las cavidades de las acacias, tienen un comportamiento muy agresivo, atacando a herbívoros y otros posibles invasores. Las no mutualistas, en cambio, que viven en el mismo ambiente pero no siempre anidan sobre acacias, prefieren escapar.

En definitiva, todavía queda mucho por entender sobre el fenómeno evolutivo. Seguramente la coevolución ha abierto grandes interrogantes y además de mostrar la importancia del altruismo en la evolución, pone en el centro la importancia del medio ambiente: sin un *input* ambiental claro, ciertas mutaciones no tendrían sentido y no sobrevivirían.

9. El dilema de las mutaciones múltiples

Darwin ha marcado un hito en el estudio de la evolución. Pero hay un aspecto de la naturaleza que no concuerda con algunas de sus muy ingeniosas suposiciones: es entonces cuando para aprovechar un nuevo comportamiento se necesitan desarrollar junta y simultáneamente varios rasgos independientes. La teoría de Darwin explicaría esto por el hecho de que dos, tres o más mutaciones aleatorias e impredecibles se habrían desarrollado accidentalmente al mismo tiempo en el mismo individuo, pero la probabilidad de que esto suceda es extremadamente baja, si no se admite que el medio ambiente, de forma colaborativa y no sólo selectiva, ha tenido su parte activa. Veamos algunos ejemplos.

Una flor puede tener rayas amarillas o negras debido a una mutación. Pero el hecho de que surgieran juntas, casualmente, en una flor que necesita pelear con otras especies para conseguir la llegada de las abejas, es un buen caso, ¿no crees? Además, que estas vetas amarillas y negras sean tan peludas como el cuerpo de las abejas es un caso realmente hermoso. Por supuesto, se puede decir que otras flores habrán tenido por casualidad rayas rojas y blancas, y que habrán muerto porque no atrajeron a las abejas; pero el prado de flores está lleno y de todos los colores; lo que llama la atención es el parecido de estas flores con el cuerpo de las abejas, tanto que tienen una polinización más garantizada. La llamada *vesparia* u *Ophrys apifera* (Puighibet) es una planta herbácea con una flor cuyo lóbulo medio y piloso es de color pardo, con margen amarillento y orejuela triangular; tiene un patrón variable que recuerda al abdomen de un insecto, con un área basal marrón brillante, rodeada de manchas de color amarillo-verdoso hasta el púrpura. Asumiendo que las mutaciones ocurren al azar, ¿no parece demasiado casual que una flor tome la apariencia del insecto que necesita para su polinización?

El veneno y los dientes de las serpientes: ¿increíble *coincidencia*?

Nos quedamos entre los animales, y pensamos en una serpiente muy venenosa. ¡Hay algunos con veneno que teóricamente podrían matar a cien hombres con un solo mordisco! Estos venenos nunca son monovalentes, sino compuestos, es decir, varias y diferentes toxinas contribuyen a la extrema letalidad de tal compuesto. ¿Cuántas mutaciones se necesitaron para transformar una saliva aleatoriamente tóxica en una mezcla mortal de toxinas extremadamente venenosas? Y ser ligeramente tóxico no habría ayudado a la supervivencia: para sobrevivir mejor que otras especies era necesario que la saliva fuera muy letal. Eso es el resultado de múltiples mutaciones juntas: es impensable que mutaciones de baja toxicidad se hayan superpuesto y sumado unas con otras (porque ninguna por sí sola garantizaba a la serpiente una mejor capacidad depredadora y, por tanto una mejor supervivencia).

Pero eso no es todo: para inocular el veneno de la saliva se necesita un diente semihueco especial, y es difícil imaginar qué tipo de ventajas puede ofrecer un diente semihueco si no hay veneno, además de qué ventajas tiene un veneno de serpiente si no posee un diente hueco para usarlo.

Los dientes huecos podrían haberse desarrollado antes que las glándulas venenosas, pero ¿por qué persistieron si no había un depósito para el veneno que garantizara, al combinar las dos características (diente hueco y veneno que lo atravesaba), una mejor supervivencia? ¿Qué ventajas podrían proporcionar las glándulas venenosas, en ausencia de un diente hueco adherido a ellas, a nuestra protoserpiente para inyectar veneno en la sangre de la presa? En definitiva, en los casos que requieren el nacimiento simultáneo de dos o más órganos que se ayudan entre sí, no se sostiene el discurso de las mutaciones casuales seleccionadas al azar por el entorno.

La química *casual* del escarabajo bombardero

Como es el caso de los escarabajos bombarderos, una subfamilia de insectos de la familia *Carabidae* (orden *Coleoptera Adephaga*). El nombre de estos escarabajos se debe a su particular mecanismo de defensa/ataque. De hecho, si se les molesta, expulsan explosivamente una mezcla de sustancias, producida por glándulas abdominales especiales, emitiendo un rugido, una verdadera explosión, similar a la ruptura de un globo. Algunas de sus células secretan peróxido de hidrógeno en una cavidad del abdomen. Esta cavidad se comunica a través de una válvula controlada por un músculo, con otra cavidad que constituye una verdadera cámara de reacción. Estas paredes están revestidas con células que producen la enzima catalasa. Cuando el contenido de la primera cavidad se vierte en la segunda cavidad abdominal, la cámara de reacción, las catalasas y las peroxidasas dan lugar en muy poco tiempo (¡de uno a dos segundos!) a una reacción muy violenta que libera en un instante mucho calor para llevar inmediatamente el todo al punto de ebullición, provocando así la vaporización de la mezcla de reacción. Bajo la presión de estos gases, se abre una válvula externa y luego las sustancias son expulsadas con una explosión, a muy alta velocidad y a una temperatura de 100 °C a través de unas grietas en el abdomen.

El chorro se puede apuntar con precisión en cualquier dirección, ¡incluso hacia adelante sobre la espalda! Esto es posible haciendo rebotar el *spray* muy caliente y tóxico sobre un par de deflectores esqueléticos que salen de la extremidad del abdomen en el momento de la eyección. ¡Qué complejidad! Pero hagámonos algunas preguntas: por ejemplo, ¿cómo podría haber sido preservada por la selección natural la mutación que produjo peróxido de hidrógeno, ya que era inútil sin la mutación que producía peroxidasa? Y viceversa, ¿qué estaba haciendo nuestro bombardero con un depósito de catalasa libre de peróxido de hidrógeno? ¿Aparecieron juntos? ¡Hermosa y desvergonzada suerte! ¿O por qué no pensar que no se trata del azar sino el entorno lo que ha influido y no sólo seleccionado las mutaciones?

Pero vayamos a los humanos y los mamíferos en general: ciertas funciones necesitan muchas herramientas físicas para ser efectivas. Un claro ejemplo es el ojo: para ver se debe haber desarrollado el cristalino, la retina, la córnea, etc., ninguno de los cuales por sí solo sería útil. ¿Fueron todas mutaciones casuales o fueron debidas al medio ambiente? ¿Cómo podrían haber aparecido casualmente juntas? Y si no han aparecido juntas, ¿por qué una de ellas probablemente ha persistido durante siglos (por ejemplo, el cristalino) aunque sin los otros órganos (retina y córnea) hubiera sido inútil? Pero hay más. Pensemos que en el ojo hay un músculo (músculo troclear) que tiene un recorrido completamente bizarro: para bajar la mirada primero debe ir hasta la parte superior de la órbita, pasar por un gancho óseo y luego descender uniéndose a la parte posterior del ojo. Si el ojo y el músculo troclear aún no estuvieran ahí, ¿por qué un gancho óseo nacido al azar se mantendría por milenios? Y si no existiera el gancho óseo, ¿por qué se conservaría evolutivamente un músculo en ese caso inútil? Parece claro que ambos *nacieron* simultáneos, pero ¿cómo? Una mutación casual es fácil, pero dos casuales, y, sin embargo, tan precisas que conducen a un resultado útil, parecen imposibles de formular como hipótesis. El propio Darwin quedó asombrado al ver la contradicción entre su teoría y la evolución del ojo, tal y como él mismo relata en el libro *El origen de las especies*.

Darwin, mientras vivió, no supo nada sobre bioquímica (que aún no se había desarrollado), no conoció cómo es que coexisten miles de reacciones en cada célula a cada segundo, cada una de las cuales, al no tener sin las otras sentido ni utilidad, debería desaparecer según el mismo Darwin. Sin embargo, permítanme ser claro: se ha producido una evolución a lo largo de la historia: las especies han cambiado, se han transformado a lo largo de los milenios, han surgido otras nuevas. Hoy en día, nadie piensa —con razón— que las especies han permanecido sin cambios durante milenios; el asunto es que el método darwiniano no logra explicarlo todo por sí solo; así es.

10. Los herederos descuidados de Darwin

Llegamos así al final de nuestro viaje tras la pista del genio de Darwin, para comprender mejor su intuición y aventurarnos en una pregunta importante:

¿qué es lo que no sabía aún Darwin y qué le habría beneficiado saber para una teoría evolutiva más exacta?

Hemos visto cómo los descubrimientos de la epigenética —un mecanismo de control del ADN a través del cual el entorno puede dar mensajes genéticos hereditarios al ADN— han dado lugar a nuevas visiones evolutivas. Un artículo reciente de Aniket Gore y colaboradores sobre el desarrollo ocular en peces ciegos de las cavernas tiene implicaciones importantes para la teoría de la evolución. El estudio encuentra que la pérdida de los ojos en los peces que viven en ciertas cavernas oscuras de México no se debe a mutaciones genéticas, sobre las cuales los evolucionistas han discutido enérgicamente durante muchos años, sino a la regulación epigenética (Gore, 2018). Darwin incluso explicó la pérdida de visión en los peces de las cavernas como un ejemplo de cambio evolutivo que no se debe a su mecanismo clave, la selección natural. En cambio, recurrió, en *El origen de las especies* a la explicación de Lamarck sobre la ley del uso y desuso: "Como es difícil imaginar que los ojos, aunque inútiles, puedan ser dañinos de alguna manera para los animales que viven en la oscuridad, atribuyo su pérdida únicamente al desuso" (Darwin, 2003). También hemos visto que existe una minúscula pero eficaz forma de pasar información genética de una especie a otra sin que ésta dependa de mutaciones causales; éste es el dato que revelan los estudios sobre las arqueas: el ADN puede pasar de un ser vivo a otro, y ser heredado por la descendencia del segundo.

Finalmente entendimos que la evolución basada en la selección de rasgos genéticos mutados casualmente funciona para grandes eventos, es decir, para rasgos que involucran la vida o la muerte del sujeto, para su supervivencia, pero no explica cómo cambios físicos de ninguna importancia para la supervivencia pueden haber sobrevivido a través de los siglos al pasar de progenie en progenie. Los terceros molares de los humanos modernos, las llamadas muelas del juicio, a menudo son muy pequeños y, con frecuencia, ni siquiera se desarrollan. En contraste, los terceros molares de las otras especies de homínidos en nuestro árbol evolutivo tenían superficies masticatorias de dos a cuatro veces más grandes que las de un humano moderno promedio. Por supuesto, la pérdida de muelas no conduce a una mejor supervivencia, pero parece deberse simplemente al desuso, a la pérdida de utilidad en un ser que ya no tiene que morder la carne de la presa.

En definitiva, parece cada vez más evidente que junto al mecanismo *competitivo* de evolución, existe uno *solidario* con el entorno, de interacción y no de rivalidad con el entorno. ¿Qué mensaje recibimos de todas estas huellas dejadas por los estudios de la evolución durante los últimos 150 años? Extraemos un hecho extraño pero instructivo: la evolución de la evolución, de hecho, la evolución de nuestra comprensión de la evolución.

En primer lugar, nos parece claro que el término evolución ya es obsoleto: indica un proceso finalista, mientras que nada hay por finalista, tanto en las ideas de Darwin y Lamarck, como en los relatos de las arqueas o en epigenética. Pero tampoco aparece como un movimiento aleatorio. Todo este gigantesco y asombroso proceso lo podríamos definir con las palabras del gran ecologista y químico Enzo Tiezzi, es decir, como un proceso estocástico. ¿Qué significa *estocástico*? Es un término que proviene del griego *stokazomai*, que se refiere al juego del tiro con arco (Tiezzi, 2008). En pocas palabras, al disparar flechas al centro de un objetivo, las flechas irán al azar, pero todas serán dirigidas hacia un blanco, con cierta variabilidad. En resumen, estamos en un punto en el que debemos definir la evolución como un proceso entre el azar y la colaboración entre especies. Sin embargo, aún no sabemos a qué nivel interactúa esta colaboración. Según una investigación de dos italianos publicada en la revista *Physica A* en 2017, esto es como si en la naturaleza actuaran fenómenos de resonancia macroscópica que interactúan con la resonancia interna de los individuos (Damasco, 2017).

¿Competición o colaboración?

Por supuesto, las ideas evolutivas competitivas obtuvieron mucho protagonismo, tanto que parecen una verdad absoluta. Debemos superar la iconografía del libro de primaria en donde vemos la imagen esquematizada de la evolución en forma de monos cuadrúmanos que se transforman en monos bípedos para alcanzar la *perfección* personificada por el ser humano representado, el cual es, fíjense ustedes, el varón blanco. Probablemente porque la idea de la "prevalencia del más apto" sirvió para justificar también principios similares en campo político, social, filosófico, como el darwinismo social, el malthusianismo, el imperialismo con el terrible intento de justificar a través de la "carga del hombre blanco" kiplingiana, la opresión de los pueblos que sucumbiendo a las armas británicas, españolas y francesas daban la idea terriblemente equívoca de ser menos aptos para la supervivencia.

Las teorías de Darwin no explican los cambios *menores* (la pérdida de molares en los humanos o la ceguera de los peces mencionados anteriormente), sino sólo los más importantes y muy graves (la muerte de las bacterias bajo la acción de los antibióticos y la supervivencia de las bacterias que accidentalmente se volvieron resistentes). Muchas preguntas permanecen pendientes. Se trata de entender por qué ocurren y se propagan pequeños cambios aunque no sean útiles para la supervivencia. Y por qué el fenómeno de la evolución ha hecho que se propaguen fenómenos de inmolación altruista del individuo a favor del rebaño (véase el capítulo 7, "Colaboración en lugar de lucha": página 41), mostrando una especie de revolución copernicana del evolucionismo: de la evolución competitiva a la solidaria.

También es una cuestión abierta entender cómo nacen nuevas especies. Para el evolucionismo competitivo, se crea por casualidad un nuevo individuo de una nueva especie, que no se puede cruzar con individuos de diferente sexo de la especie de la que es una mutación (piense en el primer hombre nacido de una mutación casual de una pareja de primates, y que como nueva especie no puede proliferar con sujetos de la especie de la que deriva); pero ¿con quién se reproduciría? ¿Debemos suponer que el azar quiso que dos seres de distinto sexo mutaran en el mismo tiempo y en el mismo lugar y que el mismo caso determinó que se encontraran y se reprodujeran a partir de su unión? Es muy improbable.

Todos éstos son temas abiertos, que esperan nuevas hipótesis y comprobaciones adecuadas. Lo que parece claro es impactante: el dogma de la evolución competitiva, la innovación brillante y visionaria ya no es suficiente para explicar los cambios milenarios de la vida en la tierra.

11. Más evoluciones

El descubrimiento de la no casualidad de la evolución no nos sorprende: aunque es *causal*, hay una fuerza dentro de ésta que sigue siendo *casual*, pero está teñida de orden, belleza e incluso solidaridad. El genoma trabaja para evitar que sus partes más valiosas y útiles muten: se protege a sí mismo. Y pensar que hasta hace 40 años a estas piezas protectoras se las llamaba "ADN basura" sólo porque algunos biólogos no les veían una utilidad, no entendían para qué servían; y luego, como suele pasar en la sociedad de consumo por todo lo que no se entiende o no se necesita, lo consideraban un desperdicio; aunque no es descartable.

Hablamos de un estudio publicado en la revista *Nature* el 12 de enero de 2022, realizado mediante la secuenciación del ADN de cientos de plantas de *Arabidopsis thaliana*, que en conjunto proporcionaron más de un millón de mutaciones. El género *Arabidopsis* es el prototipo de las plantas de laboratorio, así como el conejillo de Indias lo es para los animales, o la drosófila para los insectos. Dentro de esas mutaciones, se reveló un comportamiento no casual, al contrario de lo esperado. En lugar de la casualidad, encontraron que en partes del genoma había menos mutaciones que en muchas otras partes; y en esas zonas con menos mutaciones, los investigadores se sorprendieron al descubrir un número muy elevado de genes esenciales para la supervivencia, más que en el resto del genoma, por ejemplo, los implicados en el crecimiento celular (Monroe, 2022). Esto significa que las mutaciones no son casuales, porque las áreas biológicamente más importantes son más protegidas de las mutaciones. Si nada estuviera coordinado y ordenado, y las mutaciones fueran casuales, esto no debería suceder. E incluso las reparaciones de daños en el ADN parecen ser particularmente efectivas en estas regiones más protegidas.

Parecería una paradoja por cierto darwinismo ligado a un pensamiento que probablemente ni siquiera Darwin habría aprobado, sin embargo, es así: la planta ha evolucionado para protegerse. Los resultados añaden un giro sorprendente a la teoría de la evolución por selección natural, porque revelan que la planta evolucionó para proteger sus genes de la mutación para asegurar la supervivencia: no esperó a que se seleccionara una mutación casual del medio ambiente.

Estos descubrimientos vuelven a poner de moda los hallazgos y teorías de Jean Baptiste Lamarck, de los cuales se burlan los libros escolares. Ciertamente, Lamarck debe ser releído, actualizado y corregido, pero no destruido ni vilipendiado. Sus teorías evolutivas se basan en una colaboración con el medio ambiente y otras especies, en lugar de fundarse sólo en la competencia. Nos complace haber visto lejos y estar en un camino virtuoso que nos llevará a entender mucho sobre los procesos evolutivos y transformadores de la vida. La evolución fortuita y la supervivencia del más apto fue un excelente descubrimiento, pero cuando se eleva a dogma, como todas las buenas ideas que cristalizan, no se sostiene. Así, el dogma del *más apto* sirvió en la época victoriana para justificar el imperialismo, primero de Inglaterra y luego de toda Europa sobre el resto del mundo, la supremacía de una etnia sobre otra en el llamado darwinismo social. Esperemos que sea sólo un feo recuerdo.

Referencias

Braendle, C. y H. Teotonio. 2015. "Workshop Report: Caenorhabditis Nematodes as Model Organisms to Study Trait Variation and Its Evolution", *Worm*, 6 de marzo, 4(2): e1021109.

Caswell-Chen, E. 2003. "Why Caenorhabditis Elegans Adults Sacrifice their Bodies to Progeny", *Nematology*, 5(4): 641-6.

Chang, H. Y. y S. L. Qi. 2023. "Reversing the Central Dogma: RNA-Guided Control of DNA in Epigenetics and Genome Editing", *Mol Cell*, 2 de febrero;83(3): 442-451.

Chastain, E. J. 2018. "Information Theory, Developmental Psychology, and the Baldwin Effect", *Front Neurorobot*, 4 de septiembre, 12: 52.

Corl, A., *et al.* 2018. "The Genetic Basis of Adaptation following Plastic Changes in Coloration in a Novel Environment", *Current Biology*, 28(18): 2970-2977.

D'Angiolo, M., *et al.* 2020. "A Yeast Living Ancestor Reveals the Origin of Genomic Introgressions", *Nature*, noviembre de 2020, 587(7834): 420-425.

Damasco, A. y A. Giuliani. 2017. "A Resonance Based Model of Biological Evolution", *Physica A: Statistical Mechanics and its Applications*, Vol. 471, 1 de abril de 2017: 750-756.

Darwin, C., 2003. *The Origin of the Species: By Means of Natural Selection of the Preservation of Favored Races in the Struggle for Life.* [150Th Anniversary], Nueva York, Signet Classics, 2003.

Debortoli, N., *et al.* 2016. "Genetic Exchange among Bdelloid Rotifers Is More Likely Due to Horizontal Gene Transfer Than to Meiotic Sex", *Curr. Biol.* 21 de marzo, 26(6): 723-32.

Doolittle, W. Ford. 1999. "Phylogenetic Classification and the Universal Tree", *Science*, Vol. 284, 2124-2128. doi:10.1126/science.284.5423.2124

Dunning Hotopp, J. C. 2011. "Horizontal Gene Transfer Between Bacteria and Animals", *Trends Genet*, abril, 27(4):157-63.

Fishman, R. S. 2008. "Evolution and the Eye. The Darwin Bicentennial and the Sesquicentennial of the Origin of Species", *Arch Ophthalmol*, 126(11): 1586-1592.

Ford S. A., *et al.* 2017. "Co-evolutionary Dynamics Between a Defensive Microbe and a Pathogen Driven by Fluctuating Selection", *Mol. Ecol.*, abril, 26(7):1778-1789.

Gilbert, P. 2000. "Evolution, Genes, Development and Psychopathology", *Clin. Psychol. Psychother*, 7(4): 246-55.

Gladyshev, E. A., *et al.* 2008. "Massive Horizontal Gene Transfer in Bdelloid Rotifers", Science, 30 de mayo, 320(5880): 1210-3.

Gómez-Márquez, J. 2020. "What are the principles that govern life?", *Commun. Integr. Biol.*, 10 de agosto, 13(1): 97-107.

Gophna, U. y N. Altman-Price. 2022. "Horizontal Gene Transfer in Archaea-From Mechanisms to Genome Evolution", *Annu. Rev. Microbiol.*, 8 de septiembre, 76: 481-502.

Gore, A.V., *et al.* 2018. "An epigenetic mechanism for cavefish eye degeneration", *Nat. Ecol. Evol. 2*, julio, 2(7):1155-1160. https://doi.org/10.1038/s41559-018-0569-4

Graham, L. A. y P. L. Davies. 2021. "Horizontal Gene Transfer in Vertebrates: A Fishy Tale", *Trends. Genet.*, 10 de marzo: S0168-9525(21)00051-2.

Griffith, F. 1934. "The Serological Classification of Streptococcus Pyogenes", *J Hyg*, Londres, diciembre, 34(4): 542-84.

HARRIS, B. 2011. "Evolution's Other Narrative. Why Science Would Benefit from a Symbiosis-Driven History of Speciation", *American Scientist*. https://www.americanscientist.org/article/evolutions-other-narrative

HUNTER, C. 2017. "Upsetting Another Evolutionary Icon. Blindness in Cave Fish Is Due to Epigenetics", *Evolution News and Science Today*, 6 de noviembre.

JABLONKA, E. 2017. "The Evolutionary Implications of Epigenetic Inheritance", *Interface Focus*, 6 de octubre, 7(5): 20160135.

JERSÁKOVÁ, J., *et al.* 2006. "Mechanisms and Evolution of Deceptive Pollination in Orchids", *Biol. Rev. Camb. Philos. Soc.*, mayo, 81(2): 219-35.

KRIEGMAN, S., *et al.* 2018. "How Morphological Development Can Guide Evolution", *Sci. Rep.*, 17 de septiembre, 8(1): 13934.

KRISHNA, S. y T. KEASAR. 2018. "Morphological Complexity as a Floral Signal: From Perception by Insect Pollinators to Co-Evolutionary Implications", *Int. J. Mol. Sci.*, 6 de junio, 19(6): 1681.

LEE, C. W., *et al.* 2009. "Agrobacterium Tumefaciens Promotes Tumor Induction by Modulating Pathogen Defense in Arabidopsis Thaliana", *Plant Cell*, septiembre, 21(9): 2948-62.

LEVIS N.A. y D. W. PFENNIG. 2019. "Plasticity-Led Evolution: Evaluating the Key Prediction of Frequency-Dependent Adaptation", *Proc. Biol. Sci.*, 27 de febrero, 286(1897): 20182754.

LEVIS, N. A., *et al.* 2015. "An Inducible Offense: Carnivore Morph Tadpoles Induced by Tadpole Carnivory", *Ecol. Evol.*, abril, 5(7): 1405-11.

MARGULIS, L. y D. SAGAN. 1987. "Microcosmos: The Universe Within Us Reveals Evolution's Secrets", *Bostonia*, diciembre-Enero, 61: 55-8.

MONROE, J. G., *et al.* 2022. "Mutation Bias Reflects Natural Selection in Arabidopsis Thaliana", *Nature*. Febrero, 602(7895): 101-105.

National Center for Biotechnology Information. *Central Dogma Of Biology: Classic View*. https://www.ncbi.nlm.nih.gov/class/mlacourse/modules/molbioreview/central_dogma.html

NIKAIDO, H. 2009. "Multidrug Resistance in Bacteria", *Annu. Rev. Biochem.*, 78: 119-46.

Nikoh, N., *et al.* 2008. "Wolbachia genome integrated in an Insect Chromosome: Evolution and Fate of Laterally Transferred Endosymbiont Genes", *Genome Res.*, febrero, 18(2): 272-80.

Nilsson, E. E., *et al.* 2020. "Environmentally Induced Epigenetic Transgenerational Inheritance and the Weismann Barrier: The Dawn of Neo-Lamarckian Theory", *J. Dev. Biol.*, 4 de diciembre, 8(4): 28.

Pennisi, E. 2018. "Cannibalistic Tadpoles and Matricidal Worms Point to a Powerful New Helper for Evolution", *Science*. https://www.sciencemag.org/news/2018/11/cannibalistic-tadpoles-and-matricidal-worms-point-powerful- new-helper-evolution

Poole, K. 2001. "Multidrug resistance in Gram-negative bacteria", *Curr. Opin. Microbiol.*, 4 de octubr, 4(5): 500-8.

Puighibet, L. "Orquídea abeja. *Ophrys apifera*", *Descubrir Menorca*, sin fecha. https://www.descobreixmenorca.com/es/orquideas-de-menorca/orquidea-abeja-ophrys-apifera/

Quammen, D. 2018. "Blurring Life's Boundaries". *Antropocene*. https://www.anthropocenemagazine.org/2019/06/blurring-lifes-boundaries/

Rubin, B. y C. Moreau. 2016. "Comparative Genomics Reveals Convergent Rates of Evolution in Ant–Plant Mutualisms", *Nat. Commun*, 7: 12679.

Rubin, B., *et al.* 2019. "Dietary Specialization in Mutualistic Acacia-Ants Affects Relative Abundance but not Identity of Host-Associated Bacteria", *Mol. Ecol.*, febrero, 28(4):900-916.

Sagan Margulis, L. 1967. "On the Origin of Mitosing Cells", *Journal of Theoretical Biology*, marzo, 14(3): 255-74 doi: 10.1016/0022-5193(67)90079-3. PMID: 11541392.

Selig, K. R., *et al.* 2021. "The Effect of High Wear Diets on the Relative Pulp Volume of the Lower Molars", *Am. J. Phys. Anthropol.*, abril, 174(4): 804-811.

Sheng-Fowler, L. *et al.* 2010. "Tumors Induced in Mice by Direct Inoculation of Plasmid DNA Expressing Both Activated H-Ras And C-Myc", *Int. J. Biol. Sci.*, 29 de marzo, 6(2): 151-62.

Spadar, A., *et al.* 2021. "Methylation Analysis of Klebsiella Pneumoniae from Portuguese Hospitals", *Sci. Rep.*, 22 de marzo, 11(1): 6491.

Stenberg, S. 2019. *Epigenetic and Genetic Adaptation in Experimental Yeast Populations.* https://cigene.no/news/simon-stenberg-defended-his-phd/

Stenberg, S., *et al.* 2022. "Genetically Controlled mtDNA Deletions Prevent ROS Damage by Arresting Oxidative Phosphorylation", *Elife*, 8 de julio, 11: e76095.

Stephens, T. 2018. "Adaptable Lizards Illustrate Key Evolutionary Process Proposed a Century Ago", *Science Newscenter*, 6 de septiembre. https://news.ucsc.edu/2018/09/adaptable-lizards.html

Sugiura, S. y T. Sato. 2018. "Successful Escape of Bombardier Beetles from Predator Digestive Systems", *Biol. Lett*, 14: 20170647.

Tiezzi, E. 2008. "Introduzione", en *Una gravidanza ecologica*, C. V. Bellieni y N. Marchettini, Florencia, SEF.

Vigne, P., *et al.* 2021. "A Single-Nucleotide Change Underlies the Genetic Assimilation of a Plastic Trait", *Sci. Adv.*, 3 de febrero, 7(6): eabd9941.

Ward, P. S. y M. G. Branstetter. 2017. "The Acacia Ants Revisited: Convergent Evolution and Biogeographic Context in an Iconic Ant/Plant Mutualism", *Proc. R. Soc. B*, 284: 20162569.

Xia, J., *et al.* 2021. "Whitefly Hijacks a Plant Detoxification Gene that Neutralizes Plant Toxins", *Cell*, Vol. 184,7, 1 de abril, 1693-1705.e17.

II. Reflexiones sobre la evolución y el evolucionismo

Lourdes Velázquez

El juego de la vida y la evolución tienen tres participantes sentados en la misma mesa: los seres humanos, la naturaleza y las máquinas. Yo estoy definitivamente del lado de la naturaleza, pero sospecho que ésta se encuentra del lado de las máquinas.

George B. Dyson, *L'evoluzione delle macchine. Da Darwin all'intelligenza globale* (2000)

1. La idea de una historia de la vida

Las consideraciones que serán presentadas en este capítulo no entrarán en la discusión de tipo específicamente científico, en general, y biológico, en particular, que han tratado y siguen tratando este tema. Esto superaría las competencias disciplinarias del autor. En su lugar, esbozaremos las líneas generales de los marcos filosóficos que inicialmente dificultaron y posteriormente facilitaron la aceptación generalizada del evolucionismo, aunque de acuerdo con significados no unívocos de este concepto.

Partiendo de una reflexión algo más general, podemos decir que con el evolucionismo se ha impuesto la concepción de una historia de la vida, es decir, la concepción según la cual las distintas formas en que hoy se nos presentan los seres vivos no han existido invariables desde el inicio. Podemos preguntarnos cómo es posible que la idea de una fijeza e inmutabilidad de la vida en la Tierra estuviese tan arraigada y, en definitiva, todavía hoy está muy extendida a nivel del sentido común. La respuesta es fácil: es el hecho de que, cuando una persona trata de representar el pasado de manera concreta, se remonta a la época de sus padres, abuelos, quizás de sus bisabuelos pero para ir más atrás, debe apelar a recursos culturales como, por ejemplo, los libros de historia. Pero también en este caso la unidad de medida del pasado es el espacio temporal de una generación y, por tanto, a lo sumo la mente se remonta a un puñado de generaciones que, idealmente, constituyen la historia de la humanidad.

Sin embargo, al mismo tiempo, nuestra experiencia y nuestros recuerdos atestiguan una inmutabilidad del mundo exterior: montañas, ríos, mares, fenómenos atmosféricos no parecen haber cambiado si no, precisamente, debido a algunas intervenciones o modificaciones relativamente superficiales introducidas por el hombre, como edificios, ciudades, canales que han surgido y muchas veces desaparecido de la faz de la Tierra.

Limitando nuestro análisis a lo que podríamos llamar el mundo occidental, basta con referirnos a la narración bíblica del Antiguo Testamento, aceptada por las tradiciones del judaísmo, el cristianismo y el islam. La imagen que se desprende de una parte del relato es precisamente la de un mundo natural inmediata y sabiamente ordenado por Dios, en donde el hombre ocupaba una posición privilegiada. A partir de ahí comienza la historia, que es precisamente una cronología del ser humano y de las naciones. Pero no se desarrolla una historia de la naturaleza y, dentro de ésta, una historia de la vida. No es de interés secundario señalar que, sobre estas bases, incluso se estimó la edad del universo a partir de la creación, y que los eruditos del Renacimiento la calcularon entre 4 mil y 6 mil años.

2. La búsqueda de una clasificación natural de los vivos

Dentro de este marco conceptual, se sitúa perfectamente el esfuerzo teórico del gran naturalista sueco Carlos Linneo que, a mediados del siglo XVIII, publicó la obra *Sistema de la naturaleza* en donde se clasificaban los seres vivos según un riguroso orden lógico, en géneros, especies, familias, clases, órdenes, según un esquema que la lógica antigua había dado en el famoso "árbol de Porfirio". Era la *clasificación binomial* todavía en uso, en la que cada especie tenía su lugar fijo y en donde no había lugar para nuevas especies. Sin embargo, se dirá, ya entonces existían fósiles que mostraban formas de seres vivos que ya no circulaban o, quizá, presentaban figuras de peces sobre rocas de cerros alejados del mar y este hecho ya podría atestiguar la existencia de una larga historia de la Tierra y de los seres vivos compuesta de profundos cambios. Sin embargo, las cosas no son tan sencillas, dependiendo de la interpretación de los propios hallazgos fósiles que, durante varias épocas, se explicaron, por ejemplo, como el efecto de un rayo que había caído e impreso en la roca una hoja o un insecto, o como meras *bromas* o juegos de la naturaleza, y tomó tiempo y muchos debates antes de que fueran activamente investigados, descritos e interpretados para que aparecieran como reliquias de épocas pasadas. En otras palabras, era necesario que naciera una nueva ciencia, es decir, la geología, cuyos fundamentos se encuentran en la *Historia natural* del francés Georges-Louis Buffon, sustancialmente coetánea a la obra de Linneo, e intelectualmente en controversia con ella aunque, al final, terminaron por complementarse. Bien puede decirse, en efecto, que, a principios del siglo XIX, la idea de una historia de la Tierra se había asentado en el mundo científico, con la conciencia también de las grandes duraciones de las eras geológicas. En este punto, siendo una evidencia clara de que las formas de vida son adecuadas para su entorno, la existencia de una historia de la Tierra también llevó a la existencia de una historia de la vida, de la cual los fósiles son, por así decirlo, los documentos probatorios.

3. De la fijeza a la evolución

Por lo tanto, parecería que todos los componentes conceptuales del evolucionismo estaban disponibles. En realidad, éste no es así. En efecto, llamó la atención el fenómeno —también evidente— de que, en una determinada época y en un determinado medio, existen seres vivos fuertemente diferentes pero, por otra parte, mutuamente condicionados en sus posibilidades de vida, desarrollo y reproducción, llamaba la atención el hecho de que una condición similar también se encontró en el registro fósil de eras geológicas pasadas. La idea más espontánea fue que, de vez en cuando, la Tierra era escenario de inmensas catástrofes que habían destruido todas las formas de vida. Sin embargo, en el nuevo entorno la vida había comenzado a aparecer nuevamente en formas totalmente diferentes a las del período anterior, y otra vez diferenciadas e interdependientes entre ellas. Esta reciente configuración perduró entonces inalterada hasta la próxima catástrofe. Esta teoría (cuyo esquema sigue el relato bíblico del diluvio universal) fue promovida por Georges Cuvier, ilustre naturalista fundador de la paleontología, y en ella se conciliaba perfectamente la historicidad de la vida con el fijismo de Linneo. A veces se le llama catastrofismo, pero también creacionismo, como podría entenderse en el sentido de que, después de cada catástrofe, la vida era creada de nuevo por Dios (o más sencillamente, en el sentido de que las nuevas formas de vida no derivaban de otras anteriores).

En los mismos años, un oscuro naturalista francés, Jean-Baptiste Lamarck, trabajaba pacientemente para extender al mundo de los invertebrados el orden de clasificación iniciado por Linneo, y quedó impresionado sobre todo por la capacidad de los seres vivos para adaptarse a su entorno. Esto fue tomado por él como la característica fundamental de la vida según la cual, si dos partes diferentes de la misma población son llevadas a vivir en ambientes diferentes, desarrollarán funciones y órganos diferentes para realizar la función, diferenciándose progresivamente a lo largo de la cadena de generaciones sucesivas y, después de un tiempo suficientemente largo, serán profundamente diferentes. Sobre la base de esta idea, Lamarck formuló la hipótesis de que en el origen la vida consistía en una o unas pocas formas que, sin embargo, estando en ambientes diferentes, habían dado lugar, a lo largo de las generaciones, a especies cada vez más diferentes y complejas. La escala de los larguísimos tiempos de las eras geológicas dio una plausibilidad lógica a esta tesis, enunciada por el autor en su *Filosofía zoológica* y podemos decir que de ella nace el evolucionismo, entendido como pura y simple oposición al fijismo, éste puede resumirse en la tesis de que las especies actuales descienden de especies menos numerosas y complejas. Este proceso recibió el nombre de evolución y dio origen al problema de proponer las causas y modalidades de la evolución. En este sentido, Lamarck había propuesto la idea de una tendencia interna de la materia viva a adaptarse al medio ambiente y consideraba evidente la capacidad de los organismos vivos de transmitir a las generaciones posteriores las modificaciones estructurales y funcionales adquiridas en este proceso de adaptación.

4. Evolución y teorías de la evolución

Cincuenta años separan la publicación de la citada obra de Lamarck (1809) de la primera edición de *El origen de las especies* de Darwin (1859), que también se basó en una extensa investigación, que seguía el arraigado evolucionismo lamarckiano, pero introducía una novedad entre los diferentes mecanismos de la propia evolución, es decir, la selección natural. Esto se basa en la evidente variabilidad individual de cada uno de los organismos vivos, de tal manera que cada uno de estos presenta algunas características que no poseen otros de la misma especie. En el caso de que una población de individuos de una determinada especie se encuentre viviendo en un medio de escasos recursos, para cuya explotación casualmente se encuentren en ventaja individuos dotados de determinadas características, serán éstos los que podrán sobrevivir y reproducirse mejor, transmitiendo esos rasgos a sus descendientes y, al final, serán éstos últimos los que pueblen todo el entorno. Ésta es una teoría de la evolución diferente a la de Lamarck y desde entonces los científicos evolutivos han lidiado con controversias entre estas teorías y varias otras, a medida que ocurría el progreso en el conocimiento de los fenómenos biológicos.

Baste mencionar un solo ejemplo: según la teoría de Lamarck, un individuo transmite a su descendencia las modificaciones adquiridas en el esfuerzo de adaptación al medio; esto presupone tácitamente la heredabilidad de las características adquiridas, pero éstas conciernen al fenotipo, es decir (intuitivamente) el cuerpo del individuo, pero no al genotipo, sino a las células de sus gametos, que son las únicas que entran en el proceso reproductivo. Por lo tanto, las características adquiridas no son transmisibles a la descendencia. Esta objeción ha bloqueado durante mucho tiempo el pensamiento evolutivo de tipo lamarckiano y sólo en tiempos más recientes los estudios genéticos han demostrado cómo el medio ambiente también puede tener efectos sobre el genoma. El darwinismo también tuvo sus dificultades, superadas sólo parcialmente en la llamada nueva síntesis de mediados del siglo XX, y aún hoy cuenta con no pocos opositores ilustres del neodarwinismo...

Figura 2.1.

5. Evolucionismo y religión

Hemos dicho desde un principio que no queremos entrar en cuestiones de carácter científico, sino limitarnos a consideraciones de carácter filosófico. Éstas se refieren en particular a la relación entre el evolucionismo, la religión y la concepción general del ser humano.

En cuanto a la religión, desde el principio los científicos más rigurosos (incluso entre los darwinistas) sostuvieron el carácter agnóstico del evolucionismo, es decir, el hecho de que no aporta argumentos ni a favor ni en contra de la doctrina de la creación divina del mundo, aunque podría ser incompatible con una interpretación literal de la historia bíblica. Es verdad que los opositores al evolucionismo fueran llamados creacionistas en el siglo xix, esto dependía únicamente de que fueran fijistas y, por tanto postularan que la vida se "creaba de nuevo" después de cada catástrofe. Esto no coincide con la tesis de que el mundo es el trabajo de un Creador y esa evolución puede muy bien ser parte de la dinámica existente dentro de la creación misma. Para el creyente, esto corresponde al orden querido por Dios. El mismo Darwin expresa esta idea en la conclusión de *El origen de las especies*. Es claro que una idea de este tipo es totalmente ajena a una concepción materialista de la realidad, pero se trata precisamente de una metafísica, es decir, una doctrina filosófica, que actúa como presupuesto interpretativo de la evolución y no es consecuencia de ella. Lo mismo puede repetirse respecto a la concepción del hombre: es cierto que, partiendo de una metafísica materialista que prejuzga la existencia de cualquier realidad espiritual, el hombre también será concebido simplemente como un animal cuyo cerebro ha alcanzado un nivel superior de complejidad respecto a los demás primates, pero sin una diferencia sustancial con respecto a ellos. Por el contrario, dentro de una metafísica más completa, en la que también hay espacio para los niveles no materiales de la realidad, no hay dificultad en admitir que, para que el hombre pudiera lograr capacidades y funciones espirituales, era necesario que su corporeidad se desarrollase adecuadamente en un largo proceso evolutivo. Desde una perspectiva religiosa, pues, no hay dificultad en admitir que Dios ha infundido también en el hombre una dimensión sobrenatural: si en el relato bíblico se dice, simbólicamente, que Dios infundió su aliento en un muñeco de barro, será más fácil admitir que le hizo esto a una clase de criatura mucho más perfecta.

Estas últimas consideraciones nos ayudan a comprender cómo hoy la defensa del neodarwinismo tiene a menudo el significado de una posición ideológica antirreligiosa, hasta el punto de que se quisiera identificar al propio evolucionismo con el darwinismo (ignorando que había tenido en Lamarck al iniciador con 50 años de antelación) y pasando por alto muchas interpretaciones no materialistas no sólo de la idea de evolución, sino también de las diversas teorías de la evolución. No menos ideológicamente inspirado es el enfoque de los creacionistas actuales (activos sobre todo en los Estados Unidos), que pretenden interpretar los fenómenos evolutivos siguiendo estrictamente el relato bíblico de la creación. En ambos casos se trata de una interpretación indebida de una teoría científica al nivel de una metafísica o, simétricamente, de la promoción de una perjudicial concepción metafísica o religiosa al rango de teoría científica. La posición intelectual más honesta parece ser la de reconocer el evolucionismo como un conjunto de teorías que son en parte plausibles y en otros aspectos todavía controvertidas. Esto no quita la legitimidad y el interés de someterlo a una reflexión más amplia, de carácter filosófico y religioso, ya que entra en contacto con problemas fundamentales sobre el sentido y el valor de la vida humana, pero también debemos ser conscientes de que estos problemas sólo pueden afrontarse reconociendo la validez de un ejercicio de la razón humana que no queda confinado dentro de los límites de la pura y simple racionalidad científica.

6. Impactos del evolucionismo a nivel social

Algunos conceptos generales de la teoría darwiniana de la evolución ya a finales del siglo XIX y, especialmente a principios del siglo XX, inspiraron doctrinas y prácticas relativas a las sociedades humanas, dando lugar a dos fenómenos culturales denominados respectivamente *eugenesia* y *darwinismo social* (véase figura 9). El término *eugenesia* se refiere al conjunto de doctrinas y prácticas que tienen como objetivo mejorar la especie humana a nivel genético, es decir, a nivel de aquellas características que están contenidas en el código genético de nuestra especie y, por lo tanto, son heredadas a nuestros descendientes. Este programa aplica la idea de selección natural que el propio Darwin había desarrollado reflexionando sobre la práctica de los criadores que, gracias a los cruces adecuados entre razas animales, obtienen nuevas razas con características físicas o capacidades funcionales particulares. La tesis de Darwin es que, en el contexto de la *lucha por la vida*, vencen y se reproducen *los más adecuados* y, en los larguísimos tiempos de la historia natural, se estabilizan las características más positivas. Los criadores acortan enormemente estos tiempos, eligiendo las características deseadas y mezclando las razas capaces de producirlas, en lugar de volver a la dinámica puramente aleatoria de la selección natural. La eugenesia aplica este mismo modelo no con el objetivo de obtener un efecto positivo muy específico, sino con el propósito de eliminar los aspectos negativos. Es por eso que a menudo hablamos de *eugenesia negativa* y esto inspiró el nacimiento de varias asociaciones de eugenesia oficialmente nombradas así, comenzando en Inglaterra y Estados Unidos a principios del siglo xx, y rápidamente imitadas en varios países del mundo.

Figura 2.2.

En la base de estas teorías y programas se encuentra el supuesto de que ciertos grupos humanos contienen en su genoma la codificación de características negativas y que, por tanto, su posibilidad de transmisión y expansión debe ser limitada, mediante políticas y medidas adecuadas. Estos grupos pueden identificarse con determinadas razas o etnias humanas, pero también con clases particulares de individuos afectados por anomalías congénitas, como muchas enfermedades mentales, patologías físicas, discapacidades congénitas, pero también, por ejemplo, comportamientos considerados socialmente desviados como la homosexualidad o la inclinación a cometer un crimen. De ahí el nacimiento de conceptos como el de *raza inferior* que lleva a la propaganda de medidas para limitar la inmigración, e incluso a formas de racismo al límite de la promulgación de las tristemente famosas leyes raciales.

La dificultad para identificar los rasgos hereditarios y la indeterminación del concepto de mejora genética, sujeto a interpretaciones preconcebidas como se ha demostrado históricamente, determinaron el declive teórico de la eugenesia tras el final de la Segunda Guerra Mundial, pero las perplejidades relacionadas contribuyeron aún más con las prácticas y políticas inspiradas por la eugenesia. De hecho, algunos de los métodos más comunes de los estudios eugenésicos del siglo xx utilizaron la clasificación de los individuos y sus familias de origen, incluidos los pobres, los enfermos mentales, los ciegos y sordos de nacimiento, las prostitutas, los homosexuales y algunos grupos raciales como los romaníes y los judíos en la Alemania nazi. Estos seres humanos, etiquetados de inadecuados o degenerados, pronto fueron sometidos a la segregación forzosa en hospitales psiquiátricos, a la esterilización obligatoria, a la eutanasia, hasta la matanza masiva en campos de exterminio y al intento de genocidio.

Por ello, como se ha dicho, las sociedades eugenésicas prácticamente desaparecieron en la segunda mitad del siglo pasado, pero casi siempre se trató de un cambio de nombre, para evitar un término asociado en el inconsciente colectivo con los horrores del nazismo. Sin embargo, las ideologías y los programas permanecieron sustancialmente iguales y, a lo sumo, excluyeron las medidas prácticas más violentas. De hecho, se registraron fenómenos menos llamativos pero no menos generalizados, como el de los ginecólogos que, en la sala de partos, examinando al recién nacido, decidían rápidamente si era *fit* o *unfit* ("apto" o "no apto"), dependiendo de esto, por tanto, se decidía si darle o no los cuidados para que siguiera viviendo.

No muy diferente es el hecho de utilizar la amniocentesis u otras formas de diagnóstico prenatal (con los conocidos márgenes de los falsos positivos) para saber si el feto tiene síndrome de Down y, en caso afirmativo, eliminarlo mediante el aborto. Esta práctica se presenta hoy en ciertos países (por ejemplo, Dinamarca) como un medio gracias al cual el síndrome de Down pronto desaparecerá en ese país, como si de una vacuna se tratase.

Por su propia naturaleza, la eugenesia es parte del llamado *darwinismo social*, pero de hecho esta expresión es usada especialmente para indicar algo más general, es decir, la lógica del llamado capitalismo salvaje, muy extendida en el mundo económico, especialmente, de las llamadas sociedades neoliberales, en las que se aplica el modelo de mercado basado en el principio de libre competencia. En este mercado hay una continua "lucha por la vida" en donde los más fuertes sobreviven y los más débiles desaparecen, sin que ningún otro tipo de valores puedan intervenir para alterar la situación de la libre competencia. El hecho de que en este libre mercado operen como actores de las personas humanas se tiene en cuenta genéricamente recurriendo a la idea abstracta de la *mano invisible* que, gracias a la ley de la oferta y la demanda, asegurará un equilibrio satisfactorio entre los intereses de cada operador. Este modelo, nacido originalmente en el campo económico, se extiende fácilmente a diferentes áreas de profesiones y actividades humanas en las cuales se dan formas de competencia más o menos fuertes y esto ha estimulado desde hace muchos años debates sobre derechos humanos, la dignidad de cada individuo, valores como la solidaridad y la bondad, que han alimentado la filosofía política y también el debate ético y bioético. En particular, una situación de emergencia como la actual pandemia de coronavirus nos ha obligado a barajar las cartas y buscar una convergencia entre perspectivas consideradas incompatibles y que, en cambio, deben trabajar juntas para resolver los grandes dilemas éticos y sociales de los cuales no podemos escapar.

7. Ciencias naturales, bioética y humanidades

Las teorizaciones del darwinismo social que hemos discutido, y que han alimentado políticas extremas e incluso aberrantes como las del eugenismo y el racismo, fueron en realidad desarrollos coherentes del pensamiento del fundador del positivismo, es decir, de Auguste Comte. En efecto, después de haber presentado la sucesión histórica de las ciencias fisicomatemáticas fundamentales, había afirmado que nos faltaba una ciencia de la sociedad, es decir, una sociología, que él se comprometió a elaborar. En realidad, la sociología de Comte no obtuvo reconocimiento científico y su verdadero iniciador fue el investigador francés Émile Durkheim, quien adoptó en el estudio de las formas e instituciones sociales los criterios de averiguación rigurosa de los datos y la aplicación del método hipotético-deductivo de las ciencias naturales como fundamentos de una sociología científica, de la cual fue el primer representante académico autorizado internacionalmente influyente y reconocido.

La adopción de este modelo, incluso para otras disciplinas, como la psicología, la literatura, la historiografía, fue apoyada explícitamente por varios estudiosos (entre los que bastará mencionar al historiador de la literatura Hippolyte Taine). Precisamente el presupuesto reduccionista y materialista de esta perspectiva a la que se reducía el positivismo suscitó un vivo debate epistemológico, en éste los defensores de las humanidades reivindicaban el derecho a considerarlas ciencias, subrayando al mismo tiempo su diferencia con respecto a las demás ciencias de la naturaleza. Una terminología que se estableció en la cultura de habla alemana, por lo tanto, distinguió las *ciencias naturales* de las *ciencias del espíritu*. Hoy en día se prefiere distinguir entre las ciencias naturales y las ciencias humanas.

La racionalidad, de la que durante siglos nos hemos jactado, puede explicarse ahora, en términos adaptativos, como una característica que ha sido favorecida por la selección natural y nos ha permitido, como especie, sobrevivir y conseguir el desarrollo económico y cultural que hemos alcanzado. Esto último indica que nuestro origen y nuestra capacidad racional no fue planeada; y ésta es la razón sin la cual nunca habríamos hecho filosofía, ciencia ni arte. No somos seres especiales, somos animales cuyo origen proviene de nuestra historia evolutiva.

Por ello, la bioética, que se ocupa de los derechos de los seres vivos, atendiendo también a cuestiones relacionadas con el medio ambiente, en la búsqueda de una mejor relación entre el ser humano y su entorno, ha basado en la evolución biológica el fundamento de explicaciones que intentan extender la ética más allá del ámbito de lo meramente humano.

El enorme riesgo que corremos al intentar definir lo que es tanto la vida como el ser humano es no entenderlo desde la perspectiva de la evolución biológica, aunque es cierto que, si nos centráramos sólo en la explicación biológica de la vida y del ser humano, nuestra definición estaría incompleta. Sin embargo, los debates bioéticos actuales no pueden comprenderse plenamente sin un conocimiento básico de la evolución y la biología en general. Para construir una relación de respeto y cuidado de la naturaleza, no basta con valorar otras formas de vida; también es necesario comprender los argumentos teóricos que sustentan estas posturas.

8. La evolución creadora según Bergson

Éste no es el lugar para ilustrar estas diferencias, sino que, más bien, queremos considerar cómo esta distinción de áreas también podría afectar el concepto de evolución. Éste, de hecho, había madurado dentro de la biología y, por lo tanto, había sido abordado únicamente utilizando conceptos y principios de las ciencias naturales, dentro de las cuales también había proporcionado una notable función de progreso. Mucho menos conocida, sin embargo, es una lectura diferente de la evolución, propuesta y desarrollada por Henri Bergson, un brillante filósofo francés dotado de sólidos conocimientos científicos en el campo psicológico. Podemos decir que la raíz más profunda de la diferencia en su concepción, con respecto al evolucionismo positivista, consiste en la forma de concebir la naturaleza misma de la vida. Bergson está en la línea de la concepción aristotélica del ser vivo como capaz de *moverse a sí mismo* y que, por lo tanto, posee en sí mismo las causas de sus cambios, y, en particular, la capacidad de adaptación al medio. Después de todo, ésta fue también la concepción de Lamarck que ya hemos analizado. Por el contrario, la teoría darwiniana de la selección natural concebía la evolución como consecuencia de *filtros* impuestos por el medio externo que favorecen pequeñas variaciones transmitidas a la descendencia, y que se van acumulando durante un tiempo muy largo.

Bergson, en cambio, concibe la vida como un *impulso vital*, es decir, como un impulso interior que empuja al ser vivo a aventurarse en su propio entorno, superando los obstáculos que se oponen en su camino desde la materia. En este avance, el impulso vital no sigue un itinerario ya trazado, sino que el camino se abre a medida que avanza, superando obstáculos o desviándose, en una alternancia de éxitos y fracasos imprevisibles, que refleja bien los acontecimientos personales de la existencia de cada uno de nosotros, en los que, muchas veces, situaciones imprevistas nos han obligado a tomar decisiones que han cambiado el rumbo de nuestra vida, excluyendo posibilidades cuyo desarrollo no podíamos haber previsto. En cada uno de estos momentos cruciales, la energía primordial del impulso vital está como agotada, sin embargo, se recarga, y el ser vivo emprende un camino igualmente aventurero e incierto.

Precisamente estas características de novedad, imprevisibilidad y elección, las resume Bergson en el concepto de *creatividad*: él habla precisamente de *evolución creadora*, como se lee en el título de una de sus obras más famosas, aunque ciertamente no la más científicamente rigurosa (Bergson, 1907): una evolución, por tanto, que no consiste en el modelado pasivo de los seres vivos como consecuencia de condiciones externas, sino en el ejercicio continuo de elecciones libres, lo que implica también una reestructuración de la constitución interna del propio ser vivo, tanto fisiológica como psíquica. Es interesante notar que en esta concepción bergsoniana no sólo se excluye el mecanismo ciego del juego entre el azar y el determinismo, propio de la selección natural, sino también la idea de un proyecto inteligente elaborado por una inteligencia superior que, siempre desde el exterior, dispone, configura y ensambla las partes de una máquina.

Es claro que estas características creativas, atribuidas por Bergson al impulso vital, son las tradicionalmente utilizadas para caracterizar el espíritu, particularmente, en sus más altas manifestaciones de conciencia y de libertad. No es por tanto casual que nuestro autor presente estas características, aún fuertemente bloqueadas por la materia en las plantas y animales inferiores, desarrolladas a medida que la energía del impulso vital triunfa sobre los obstáculos, obligando a los seres vivos a asumir configuraciones cada vez más complejas que permitan la manifestación de estas cualidades más avanzadas. Por lo tanto, es opuesto a la tesis materialista del positivismo, según la cual es un cerebro el que ha alcanzado un alto grado de complejidad y es el que hace surgir la conciencia, al contrario, es la conciencia la que estimula la formación de estructuras cerebrales y las organiza de tal manera que puedan manifestarse plenamente.

Así converge en Bergson un conjunto de perspectivas voluntaristas, intuicionistas, contingentistas y también antirreduccionistas y anticientíficas, que habían nutrido la cultura filosófica francesa del siglo XIX desde Maine de Biran, hasta Boutrox, Blondel y Renouvier, quienes habrían inspirado no sólo movimientos de pensamiento como el personalismo, sino también perspectivas originales sobre la evolución como la de Teilhard de Chardin, directamente inspiradas en el pensamiento bergsoniano.

9. La perspectiva evolutiva y el tema del género

Después de un largo período en donde las diferencias entre los individuos humanos se remontaban esencialmente a factores biológicos científicamente estudiables, tomó relevancia la conciencia de que la esencia de un individuo humano depende en gran medida de su biografía, es decir, de la larga serie de situaciones ambientales, sociales, relacionales y educativas, de los encuentros interpersonales, de las emociones, de las experiencias vividas, de los conocimientos adquiridos, en palabras llanas, de toda la gama del contexto cultural en la que transcurrió su vida. Todo ello hace que la personalidad de cada uno sea el resultado de una serie muy articulada de factores generalmente contingentes e inesperados, que se suman a los de tipo ampliamente genético que solía considerarse. Es obvio que todo esto ha interesado especialmente a psicólogos y psiquiatras, pero no sólo a ellos. De hecho, la propia genómica ya había aclarado la singularidad de pertenecer al sexo masculino o femenino, y que de ahí deriva toda una cascada de fenómenos biofísicos que se reflejan en la diferente morfología y funcionalidad de todos los órganos del cuerpo, e indirectamente también en varias características psíquicas de nuestra personalidad.

No podemos saber en qué medida y si una educación social según la teoría de género puede influir en las generaciones futuras, que es lo que esperan sus defensores, pero, ciertamente, para tener un impacto debe ser lo suficientemente fuerte como para sortear las manifestaciones establecidas por el genotipo y el fenotipo en el curso de la evolución. Aunque fuera capaz de modular el cerebro homogeneizando, el comportamiento sexual de los individuos de ambos sexos no homogeneizaría ni los genitales ni todos los órganos del cuerpo, incluido el cerebro, que también se diferencian sexualmente en el período prenatal.

Pero el verdadero problema es: ¿cómo se puede conciliar, desde un punto de vista evolutivo, la tendencia humana actual a igualar y homogeneizar las diferencias sexuales, con el supuesto de evitar daños a la salud tanto física como psíquica, con el enfoque habitual de mayor diferenciación, implementado por evolución a lo largo de millones de años, para obtener una mejor aptitud de la especie humana a través de la reproducción sexual?

No se responde a este tipo de reflexión, al menos por el momento, y se buscan atajos comercialmente atractivos, con la lógica (¿o el pretexto?) de tratar los diagnósticos, más que una perspectiva científica más abierta y profunda, donde se investiguen caminos evolutivos.

La ideología de género trata de minimizar todo esto, partiendo del hecho innegable de que las mujeres han sido y son, aún hoy, muchas veces discriminadas en sentido negativo; ha pretendido reivindicar los derechos civiles de las mujeres en detrimento de sus derechos más fundamentales, apoyando la falsa tesis de que el sexo es una simple construcción cultural. De ahí la consecuencia lógica de que, a través de los instrumentos culturales, entre los cuales, en particular, el poderoso instrumento de la educación (entendida en sentido amplio), es posible diluir la diferencia y así incluso lograr eliminar la discriminación.

Sin embargo, el programa es utópico, pues en realidad el dimorfismo sexual es irrefrenable y son precisamente los hábitos sociales y culturales los que con mayor frecuencia pueden ser la base de nuevas formas de discriminación y explotación de las mujeres en la actualidad. Baste mencionar las prácticas de la gestación subrogada (vientre de alquiler) que ignoran cualquier forma de respeto por la dignidad de la mujer y por los derechos humanos, tanto de ella como de los hijos, reducidos a servicios y bienes que pueden adquirirse en un mercado legalmente reconocido en muchos países. El adoctrinamiento mental lleva años produciéndose gracias a publicaciones editoriales, películas, etcétera y, por desgracia, los resultados demuestran que el trabajo se ha hecho muy bien. Hoy, el "vientre de alquiler" es percibido por las masas como un gesto de altruismo, en lugar de lo que realmente es: la venta de seres humanos.

Esto sin tomar en cuenta los riesgos a largo plazo, tanto físicos como psicológicos, para la mujer embarazada, así como para el feto. Los riesgos para los embriones pertenecen, en parte, a estas prácticas por el trasplante aloinmune implicado (las células del feto son completamente diferentes a las células de la gestante) y, en parte, están en la base de toda reproducción médicamente asistida, especialmente en lo que se refiere a modificaciones epigenéticas embrionarias con la consiguiente alteración de la salud de las futuras generaciones. Y, precisamente cuando nos situamos desde el punto de vista del recién nacido, resulta claro que, si bien es correcto que respetemos toda posición cultural, por otro lado, debemos ante todo situarnos en la ley de la evolución que dio lugar al varón y a la mujer. Es por esa ley que resulta bueno que cada niño tenga un padre y una madre, porque han sido desarrollados por la evolución de manera complementaria durante cientos de miles de años. Puesto que no fueron las sociedades patriarcales o matriarcales, monógamas o polígamas las que hicieron evolucionar al varón y a la mujer, sino la especie. En la gestación subrogada estos procesos se invierten, porque en lugar de dos figuras parentales (padre y madre), entran en juego hasta cinco o, en algunos casos, incluso seis figuras parentales.

Lo adecuado es respetar toda elección *cultural* del individuo, así como también lo correcto es no olvidar cómo la evolución ha determinado cuál es el mayor bien de la descendencia. Es con un paradigma *cultural* mediante el que se pretende dejar caer en el olvido la evolución de las especies. En cambio, la evolución nos recuerda que no podemos definir al varón y a la mujer al margen de la generación de descendencia, porque es precisamente con vistas a la generación como el entorno ha seleccionado a la especie humana, haciéndola única, singular e irrepetible.

Es verdad que la protección de los derechos debe ser sacrosanta para todos, y doblemente para los que han sido considerados diferentes, pero para todos los que son distintos, no sólo para alguien que está en desventaja evolutiva. Por ejemplo, se puede citar la actitud diferente (esto es muy distinto a nivel cultural y más aún en sociedades que pretenden proteger derechos) hacia las personas con patologías congénitas, como el síndrome de Down. Sus derechos no son protegidos, simplemente son compadecidos y marginados, si no eliminados, ante la tranquilidad de muchos y sin otra muestra de consideración que aquélla que les dan los padres, quienes los aman en su diversidad. Parece inútil reiterar aquí el respeto y la dignidad de todo ser humano, así como la defensa de su libertad de expresión; lo anterior no está en oposición a la libertad de expresión, de la vida y de la salud de los demás, pero tal vez sea útil para no crear malentendidos.

Hay que tener en cuenta que la ideología de género no tiene nada que ver con la homosexualidad masculina y femenina o la transexualidad, simplemente ha utilizado estas condiciones como trampolín para darse una licencia moral como promotora de derechos.

Si fuera realmente un promotor de derechos para todos, promovería también los derechos de las mujeres y no su explotación comercial. En cambio, puede ser más una teoría de *pan y circo* que, bajo la teoría de los derechos (antiguo pan, ahora comida chatarra o comida rápida, alcohol o drogas en países donde ya hay pan), brinda la promesa de satisfacción inmediata de placeres (emociones fuertes, *ex circo*) para tener sujetos-consumidores obedientes mediante la explotación de la falta de medios culturales y científicos y/o del simple sentido común (esto también es una competencia evolutiva). Sería bueno recordar que la homosexualidad ha sido injustamente discriminada y acosada en muchos contextos sociales, pero no en todos y no siempre, mientras que las mujeres (la mitad de la población) siempre y en todos los contextos han sido discriminadas, acosadas y explotadas hasta la fecha.

Pensar que es posible elevar la condición de la mujer a través de procedimientos y técnicas culturales que pueden ser más eficientes que la evolución natural y que además han dependido de muchas condiciones ambientales de carácter social que han *seleccionado* a las distintas razas humanas, es una ilusión inventada... En cambio, el verdadero problema es el de incluir la defensa de la mujer en un marco más amplio de protección y promoción de los derechos humanos, que son responsabilidad de todo individuo en razón de su pura y simple humanidad y, por tanto, también de toda mujer, no como mujer más que como hombre, sino simplemente porque pertenece a la raza humana, no es igual sino par en dignidad a cualquier otra persona de nuestra especie.

Referencias

AGAZZI, E. 2011. "L'evoluzione: dai dati, ai fatti, alle spiegazioni, alle teorie e alle interpretazioni filosofiche", en AA.VV. *L'evoluzione biologica. Dialogo tra scienza, filosofia e teologia*, Cinisello Balsamo, Milán, Edizioni San Paolo, pp. 78-105.

AGNOLI, F. 2015. *Creazione ed evoluzione. Dalla geologia alla cosmologia*, Cantagalli, Siena.

ARTIGAS, M. 1993. *Le frontiere dell'evoluzionismo*, Edizioni Ares, Milán.

Bergson, H. 1961, *L'evoluzione creatrice*, (trad.) Giancarlo Penati, La Scuola, Brescia.

BRAAKHEKKE, M., *et al*. 2014. "How Are Neonatal and Maternal Outcomes Reported in Randomised Controlled Trials (RCTs) in Teproductive Medicine?", *Human Reproduction*, Volumen 29, Issue 6, junio, pp. 1211-1217. https://doi.org/10.1093/humrep/deu069

CUNNINGHAM, C. 2010. *Darwin's Pious Idea: Why the Ultra-Darwinists and Creationists Both Get It Wrong*, Eerdmans, Grand Rapids, Michigan.

GONZÁLEZ, W. (editor). 2009. *Evolucionismo: Darwin y enfoques actuales*, Netbiblo, Coruña.

PASCUAL, R. y J. VILLAGRASA (editores). 2005. *L'evoluzione: crocevia di scienza, filosofia e teologia*, Edizioni Studium, Roma.

Possenti, V. (editor). 2007. *Natura umana, evoluzione ed etica*, (Annuario di Filosofia 2007), Guerini e Associati, Milán.

Vries Geert J. de y N. G. Forger. 2015. "Sex Differences in the Brain: A Whole Body Perspective", *Biol Sex Differ*, 6, 15. https://doi.org/10.1186/s13293-015-0032-z

Este libro se imprimió en la Ciudad de México,
el 6 de agosto, fiesta de la Transfiguración del Señor
en Litográfica Ingramex, S. A. de C. V.
Centeno 162-1, Granjas Esmeralda, Iztapalapa,
C. P. 09810, Ciudad de México, México